悅讀中國

踏歌滻灞

賀平安　編著

一花一草都有生命，一人一事都有道理。
一山一水都有生機，一舉一動都有果因。

滻灞之水潤長安 01章

滻灞萬古流

我和灞河的緣分，是此生注定的，就像灞河與西安這座城市的緣分。

王朝更迭，風起雨落，花開花謝，灞河從沒有嫌棄過這座城市，這座城市也從沒有忘記過灞河，就像現在網絡上流傳的一句話「你贏我陪你君臨天下，你輸我陪你東山再起。」說得恰如其分。

說起西安這座城市，首先要提的，就是秦嶺。就像小時候老人經常跟我講，「那些帝王將相都是覺得秦嶺好，才留在這兒的。」對於老人的這些推理，我至今都深信不疑。

對於秦嶺，每個土生土長的西安人，莫不充滿了深深的情愫，他就像一位偉岸的父親，凝望著逶迤東流的渭河，護佑著關中這片神奇的土地。

秦嶺是橫貫中國中部的東西走向山脈。因為歷史上曾經屬於秦國管轄，所以被稱為秦嶺。西以岷迭山系與崑崙山脈為界；東至河南伏牛山麓；北界西段自臨潭北部自白石山起，東至天水東南，再往東就以黃河南岸山地為界；西南以甘、川兩省省界為界；南以漢江與米倉、大巴山為界。東西長約一千六百多公里，南北寬數十公里至二三百公里，面積十二萬平方公里。

從自然地理的角度講，秦嶺作為一道南北屏障，是中國南方與北方的分界線。秦嶺──淮河一線以北屬於暖溫帶溫潤、半溫潤氣候，以南屬於北亞熱帶溫潤氣候。由於氣候不同，秦嶺南北景觀也有很大差異。北坡為暖溫帶針闊混交林和落葉闊葉林、山地棕壤和山地褐土帶；南坡為北亞熱帶含常綠闊葉樹種的落葉闊葉混交林、黃棕壤與黃褐土地帶。

司馬遷在《史記》中這樣描述秦嶺，「秦嶺，天下之大阻也。」唐代詩人

水潤長安塔

歐陽詹《題秦嶺》詩云：「南下斯須隔帝鄉，北行一步掩南方。悠悠煙景兩邊意，蜀客秦人各斷腸。」歷史上曾出現過所謂南北對抗的局面，都是以秦嶺作為南北方的分界線。三國、東晉十六國、南北朝、宋遼金都是如此。

我有一個翻閱地圖的毛病，沒事就愛拿出地圖圈圈點點，美其名曰為指點江山，其實就是找找景點罷了。不過，我還是有所發現。從秦嶺發源的水系，往南流的都叫江，如漢江、嘉陵江等，向北流的都叫河，包括小時候流連過的灞河、滻河等。

這些年隨著閱歷的增加，看過尼羅河的日落，感受過塞納河的浪漫，閱讀過萊茵河的久遠，欣賞過泰晤士河的經典，泛舟過伏爾加河的冰冷，也算圓了行萬里路的夢。看到所有知名的水系都叫河流，我想我有了答案：灞河有名。和其他河流相比，灞河確實袖珍了許多，但生於斯長於斯的我，總覺得灞河有

一種說不出來的味道。

　　灞河發源於華山斷塊的剝蝕面上，經灞源鎮西折，穿過華山斷塊西邊的峽谷進入藍田谷地，至藍關鎮北流入渭。全長 109 公里，流域面積 2581 平方公里，流域平均寬度 29.2 公里，有一級支流二十四條，二級支流二十六條，三級支流十一條。總落差 1080 米，水力資源蘊藏量 119251.62 千瓦，可開發 70566 千瓦。灞河河谷平原較為寬闊，一般寬度約四至六公里，藍關鎮一帶最寬，達十公里。灞河左岸階地較少，大部分地段岸坡陡峭。特別是藍關鎮至毛西村一帶，河流緊切白鹿原，坡高一百餘米。右岸有四級階地，谷面寬廣，農業發達。

　　灞河原名滋水，秦穆公時改名灞河。灞河有清河、輞川、滻河三條支流，其中以後者最為有名。因此，人們往往將滻、灞連繫在一起。民間還有一個淒

灞河

美的愛情故事。傳說在幾千年以前，終南山下有一家富戶，家中良田無數，童僕如雲，他被玉皇大帝封為終南山一帶的山神。他凶殘霸道，為了永遠占有、統治這塊地方，甚至給兒子起名叫「霸兒」。山腳下有　戶以放羊為生的窮苦人家，有一女名叫「滻兒」，不僅笑顏如花而且有悅耳動聽的歌喉。霸公子出外打獵時，經常能碰到美麗的滻姑娘，日久生情，常常形影不離，遂私定終身。終南山神知道後，大發雷霆，嫌滻姑娘出身低賤，先後給霸公子說了幾個門當戶對的大家閨秀，但霸公子矢志不渝並離家出走。山神為了拆散這段姻緣，用仙術把滻姑娘變成一股河水，即是「滻河」。他還用仙術把霸公子招回家鎖於鐵柱。霸公子苦苦思念他心愛的姑娘，為了逃離枷鎖不惜以家傳仙術化作一汪河水，即是「灞河」。霸公子離家以後，咆哮而流，一路穿山越嶺，終於在長安城以北的地方與滻河相聚相依，流入渭水。

灞河雖然是渭水的支流，但它在歷史上知名度很大。原因是位於東西交通的要道上，河水流量較大，兩岸景色優美。隋唐時期，灞河上有船通行。「元王詩傳博，文後寵靈優。鶴蓋動宸眷，龍章送遠遊。函關疏別道，灞岸引行舟。北林分苑樹，東流溢御溝。鳥聲含羽碎，騎影曳花浮。聖澤九垓普，天文七曜周。方圖獻雅樂，簪帶奉鳴球。」灞河上的灞橋更是遠近聞名，車水馬龍，十分繁忙。灞河兩岸，廣植垂柳，樹木蔥蘢，煙水明媚。都人餞行，多於此折柳送別。故描寫灞河、灞橋、灞柳的詩篇極多。如「楊柳煙含灞岸春，年年攀折為行人。好風若借低枝便，莫遣青絲掃路塵。」這些詩歌充滿人文關懷，讀起來饒有趣味。

滻河是灞河最大一級支流。此河發源於藍田縣湯峪鄉秦嶺主脊北側海拔二千米以上的紫雲山南側，經白鹿原、魏寨，納貸大峪河、庫峪河水，至灞橋區注入灞河，全長 63.5 公里，流域面積 760 平方公里，流域平均寬度 11.7 公里，最大寬度 21.3 公里。年平均徑流量為 1.3 億立方米，多年平均流量為 4.194 立方米／秒。水力資源蘊藏量 45267.22 千瓦，可開發量 26156 千瓦。

滻河雖是灞河的支流，但它與灞河齊名。歷史上有「玄灞素滻」之說。潘

岳《西征賦》曰：「北有清渭濁涇，蘭池周曲；南有玄灞素滻，湯井溫谷。」「玄灞」是說灞河既深且廣，流量較大；「素滻」則是說，滻河水質很好，清澈見底。唐詩中對「素滻」多有描寫。如「暮春春色最便妍，苑裡花開列御筵；商山積翠臨城起，滻水浮光共幕連。鶯藏嫩葉歌相喚，蝶礙芳叢舞不前；歡娛節物今如此，願奉宸遊億萬年。」「乘時迎氣正璇衡，灞滻煙氛向晚清。剪綺裁紅妙春色，宮梅殿柳識天情。瑤筐彩燕先呈端，金縷晨雞未學鳴。聖澤陽和宜宴樂，年年捧日向東城。」「東郊風物正熏馨，素滻凫鷖戲綠汀。鳳閣斜通平樂觀，龍旂直逼望春亭。光風搖動蘭英紫，淑氣依遲柳色青。渭浦明晨修禊事，群公傾賀水心銘。」又如「青門路接鳳凰臺，素滻宸遊龍騎來。潤草自迎香輦合，岩花應待御筵開。文移北斗成天象，酒遞南山作壽杯。此日侍臣將石去，共歡明主賜金回。」

　　滻河是唐代長安城的重要水源之一。長安曲江池等大型池沼的水大部分都來自滻河。史書記載，唐代開黃渠引滻灌注曲江，使曲江池的面積進一步擴

西安桃花潭公園

曲水勝景

大。此外，還在曲江周圍修建了許多亭、臺、樓、閣及其他遊樂設施。這些人文景觀或高大雄偉，或小巧玲瓏，彼此之間，相得益彰，使曲江池曲江風景區成為長安城南最有名的遊覽「盛境」。此外，唐代還開龍首渠從馬騰空引滻水北流至長樂坡西北，分為東西二渠，供宮中使用。所分東渠經長安外郭城西東北隅折而西流入於苑中。西渠則經通化門南流入城內，經永嘉、興慶、勝業、崇仁諸坊，進入皇城、宮城，注入宮內的東海。唐代之後，宋、金、元、明、清諸朝都曾對龍首渠進行過改造與維修。故滻水在歷史上對長安城的供水產生過重要作用。

三原鼎峙

過了知天命之年的人，就少了銳氣，多了些安靜和沉思。所以每一次出行，都會選擇在旅遊淡季，以便細細觀賞。

三秦大地出過很多名士大儒，古代的就不說了，現在的陳忠實、賈平凹、肖雲儒都是其中的代表。前年朋友送我兩張電影票，是陳忠實小說改編的《白鹿原》。緣於九〇年代初採訪《白鹿原》時與陳忠實先生的徹夜長談和綿延至今的私人情義，因此對電影還是充滿了期待。尤其是坐在光怪陸離的影院裡，旁邊都是年輕人，瞬間也覺得自己年輕了很多。

對於《白鹿原》這部電影，我是不好作評價的，因為僅是對陳忠實和白鹿原的敬重和熟知，才對電影有了關注。

「相傳在很古很古的時候，這原上出現過一隻白色的鹿，白毛白腿白蹄，一塵不染，那鹿角更是瑩亮剔透的白。它跳跳蹦蹦，像跑著又像飄著從原東跑向原西，倏忽之間就無跡可尋了。可是白鹿過後，農民們猛然發現麥苗忽然長高了，稀稀疏疏幾近枯死的麥苗變得密麻麻、黑油油，堅韌而挺拔；原野上，河川裡一切農作物能生長的地方全都是糧食；白鹿過後，田坎間僵臥著倒斃的惡狼，水渠邊龜縮著苟延殘喘的猾狐，連陰溝濕地裡都堆積著死去的癩蛤蟆，一切毒蟲害獸全都悄然斃命了。更使人驚奇不已的是，人們突然發現癱瘓多年的老爹正拿著鋤頭，健步如飛；半世瞎眼的老娘睜著光亮亮的眼睛端看篩子揀取麥子裡面混雜的稗子；禿子老二的痢痢頭上長出了黑烏烏的頭髮，歪嘴斜眼的醜姑娘變得粉顏如花……」這是陳忠實先生對白鹿原的精湛描述。

當然，傳說的可信度是無法考證了，但是我驚異於古人的美妙想像。白

鹿，多麼迷人的圖騰。

白鹿原是西安地區東部最大的黃土臺原，位於灞河與滻河之間，在炮里一帶又被稱作炮里原，在狄寨一帶稱作狄寨原。長度二十五公里，寬六至九公里，原面海拔高度在六百至七百八十米之間，高出灞河二百四十至三百米，高出滻河一百五十至二百米。原由東向西北傾斜。因原面與河谷高差懸殊，加之地質運動的影響，原邊崩塌、滑坡現象嚴重。

早在春秋時期，秦穆公就在白鹿原上修建灞城，作為咸陽東面的軍事要塞。秦始皇在統一中國的過程中，曾親迎王翦，送之灞上。後來劉邦西入關中，也曾屯軍灞上，迫使秦王子嬰不戰而降。像這樣的例子很多，說明白鹿原的地理位置十分重要。其次，這個黃土臺原風景相當優美，被認為是一塊難得的風水寶地。周秦漢唐時期，特別是漢唐時期，許多上流社會的達官貴人，紛紛在這裡建立別業；一些著名的高僧，也在這裡修建寺院；還有一些親王、公主、刺史把這裡作為自己的歸宿之地。考古工作者在這裡發現的百餘方墓誌，說明漢唐時期，這一帶是人類活動的重要場所。

宋代以後，隨著政治中心的遷移和生態環境的變化，白鹿原逐漸失去了昔日的榮光。晚清時期，白鹿原上甚至流傳著這樣的民謠：「白鹿原、滻河灘，滿目荒涼少人煙，淒風苦雨茫茫霧，野狐惡狼行路難」。可見，當時白鹿原衰敗到什麼程度。

曾經和羅馬鬥獸場的工作人員有過交流，問他羅馬對意大利到底意味著什麼，他說：「什麼都沒有，它只是我們的回憶。」

西安，也是我們的回憶。而在這回憶篇章裡，龍首原絕對是其中最重要的章節。我至今還記得二〇一一年十月一日大明宮國家遺址公園開園的時候，主持人在臺上說過的一句話，「這是我們不滅的記憶。」

「九天閶闔開宮殿，萬國衣冠拜冕旒。」

大明宮，就在龍首原。

隋唐長安城都建在龍首原上。隋文帝在建都詔書中說：「龍首山川原秀

大明宮遺址公園的丹鳳門

麗，卉物滋阜，卜食相土，宜建都邑」，可見龍首原確實是一個環境優美的好地方。龍首原頭至渭水，尾至樊川，東界滻河，西至灃水，範圍相當廣大，「杜陵、鴻固、鳳棲諸原，皆其橫岡；宜春、芙蓉、曲江諸苑，皆其溍下。」《三秦記》有云：龍首原起南山義谷滻水西岸，至長樂坡西北，屈曲至長樂古城六七十里，隋唐宮殿皆依此原而建。龍首原的東邊是白鹿原。白鹿原西盡滻川，則龍首原與白鹿原隔滻相望。龍首原在歷史上曾稱作「小兒原」。據說這個名稱的來歷與唐代皇子的活動有關。唐代皇子幼時，居於大內。稍長，居東內苑大宅。再大一點，則居於龍首原上的十六王宅、百孫苑等地。王子五孫平時不能出苑，鬥雞、走狗、蹴鞠、彈射等活動均在苑中進行。

　　大明宮位於長安城東北部的龍首原上，是一座相對獨立的宮城，面積約三十二公頃，地勢居高臨下，氣候涼爽宜人。在三大宮殿群中規模最大，有四

省、七閣、十院、二十六門、四十殿以及為數眾多的樓臺亭觀，總計數量多達一百餘處。含元殿異常高大、雄偉、豪華，是長安最傑出的建築。該殿以龍首山為殿基，高出地面 15.6 米；殿闊十三間，全長 67.33 米；進深六間，共 29.2 米。大殿面積為 1966.04 平方米，與全國現存的最大木結構建築明代長陵棱恩殿和故宮太和殿的面積之和相等。含元殿的兩側建有翔鸞、棲鳳二閣。尤其是從殿門通向地面的「龍尾道」，氣勢磅礴，甚為雄奇。整個含元殿建築群，面對著南北寬 615 米、東西長 750 米的大廣場，就像一隻降自九天的巨鷹，氣魄宏偉壯觀。每當朝廷盛典，大殿上下鼓樂齊鳴，聲震天霆；殿前萬頭攢動，衣冠錦繡。

與滻灞淵源最深的，還數興慶宮。興慶宮位於長安城內東南面的興慶坊，原為唐玄宗李隆基做太子時的府邸所在。西元七一四年改建為興慶宮，開元十六年（西元 728 年）玄宗皇帝移居此宮聽政。故興慶宮是唐玄宗開元天寶年間

灞河堤岸美如畫

水城樓居

的政治中心。宮中的建築有殿樓亭閣二十多所，亦多鬼斧神功，雄偉壯麗。宮中有一長圓形湖，面積約一點八公頃，經龍首渠引滻水入湖，湖中植有荷花、菱角等，玄宗與楊貴妃常泛舟湖上。湖西南有花萼相輝樓和勤政務本樓兩座主要建築，樓前廣場遍植柳樹。湖東南有長慶殿、長慶樓等建築。苑內種有上百種楊貴妃喜歡的牡丹。湖東北有一土山，山上建「沉香亭」，亭周圍牡丹尤其出色，玄宗與楊貴妃常到此亭賞花。

　　與白鹿原隔灞河相望的銅人原，也有許多秦漢時期的文化遺跡。如銅人原南有秦始皇焚書坑儒的紅坑，東有邵平種瓜的邵平店，北有漢成帝的「八角琉璃井」。一九五七年這裡出土的「灞橋紙」，被有些專家認為是世界上最早的紙。儘管學術界對「灞橋紙」存在著爭議，但它引起了人們對造紙術起源的廣泛關注，具有重大的學術價值。

　　東方的土木建築，在歷史的長河中是無法長久保存的。但東方建築的形制和氣象卻在影響著世界。當我站在大明宮遺址的廢墟高處南望丹鳳門遠眺終南

山，在未央宮前殿遺址上遙想當年時，歲月的銷蝕始終讓人無法釋懷，一無所有與氣象萬千也成了中國土木遺址無法阻擋的魅力。

　　據史料記載，銅人原和「十二金人」還有一段歷史淵源。「十二金人」是秦代鑄造的規模最大的青銅器，代表了秦代青銅製造業的最高成就。秦始皇滅六國後，為了鞏固統一成果，下令收繳天下兵器，鑄為十二金人。十二金人鑄成之初，可能安放在咸陽西南郊區一帶的「鐘宮」，後移至阿房宮前殿。秦朝滅亡後，阿房宮毀於戰火，十二金人被掩埋在廢墟中。漢高祖對十二金人採取了保護的態度，派人將十二金人運到長樂宮之大夏殿安置。王莽奪取西漢政權後，建立「新」朝。一天晚上，王莽夢見有五個金人起立，以為是不祥之兆，又想起金人胸前有「皇帝初兼天下」之語，覺得很不吉利，派尚方監的工匠鑿去了那五枚金人胸前的銘文。東漢末年，外戚與宦官交替專權，天下大亂，群雄並起，一時間軍閥混戰，狼煙四起。董卓自關東西退，入居長安，為了與關東聯軍對抗，製造新的貨幣，「壞五銖錢，更鑄小錢，悉取洛陽及長安銅人、鐘、飛廉、銅馬之屬以充鑄焉。」在這場劫難中，十二金人有多少被毀，史書中沒有明確記載。晉人潘岳在《關中記》中說：「董卓壞銅人，餘二枚徙清門裡。」據此，十二金人中有十枚為董卓所毀，剩下的兩枚被運至清門裡，倖免於被毀的厄運。三國時期，魏明帝曾想將最後兩枚金人運往洛陽，但「重不可致，留於霸城。」後來，著名方士薊子訓曾在霸城「摩挲」過這兩枚金人。由於金人在灞橋東部一帶放置的時間較長，而金人實際上是用銅製成的，所以這一帶地方便被稱作「銅人原」了。十六國時期，後趙皇帝石季龍才令將軍張彌把這兩枚金人運至鄴都。最後，前秦皇帝苻堅又派人將這兩枚金人運回長安銷毀。至此，十二金人全部消失。

　　除十二金人之外，銅人原還是唐代許多達官貴人的墓地所在。在為數眾多的古墓中，有一座是天文學家張遂的墳墓。這座墓雖不起眼，但很重要。因為它的主人是中國古代傑出的科學家。張遂是唐代著名的高僧，法號一行，人們在習慣上稱之為「僧一行」。他是唐初功臣張公瑾的後代，因精通天文曆算而

受到唐玄宗的重視。他在擔任宮廷天文顧問期間，主持制定了當時世界上最精確的曆法《大衍曆》。這部曆法行用了好幾百年時間，還傳到了朝鮮、日本等國，在世界上產生了廣泛影響。張遂是世界上最先發現恆星運動現象的科學家，比英國著名天文學家哈雷發現這一現象整整早了一千年。他還是世界第一位實際測量子午線長度的科學家。通過在全國十二個地方的實測，證實日影長短與北極星高度成正比，每隔三五一里八十步，北極星高度相差一度，這在事實上已經說明地球是圓的。他所測量的子午線的長度，與現在精確測量的結果相比，只差十七公里。更重要的是，他開創了人類通過實際測量認識地球的途徑，為科學事業的發展作出了重大貢獻。

絲路起點的西安滻灞生態區

灞上煙柳長堤

　　在西安遊走，你要始終懷著一顆謙恭之心，因為說不定牆角的一塊城磚，腳下的一顆石子，門額的一方牌匾，街邊的一株古樹，都有著自己的故事。

　　小時候除了下灞河游泳，還有一項重大娛樂項目就是站在長輩身後看下象棋。那時候根本不知道楚河漢界，只知道車橫衝直撞，炮隔山打牛，小卒卻只

能步步為營。

稍長，知道了楚河漢界，也知道了灞上，才知道這都是自己家門口的地方。

灞上，因在灞水之濱而得名。關於灞上的確切記載始見於戰國後期，「始皇自送至灞上」。因《漢書・高帝紀》中記載「沛公軍霸上」，劉邦率起義軍突破武關，攻占了灞上，秦王子嬰出降，不可一世的秦王朝滅亡。由此，灞上地名彪炳史冊。

應劭在注《漢書》中曰：「灞上，地名，在長安東三十里。」且灞上控制了進入長安城東方向的必經要道，所以這裡便成為拱衛都城長安城的一個重要交通要樞地。漢唐時長安城（包括咸陽）是當時中國的政治、經濟、文化和交通的中心，灞上位於秦咸陽東南和漢唐長安城之東，它控制了長安東面的重要交通幹線。所以，灞上的得失關係到長安城的安危，誰占據了這裡，誰就掌握

優美的滻灞夜景

了戰爭的主動權，就有打入咸陽和長安城大門的可能。

在這場戰爭中，劉邦搶占了先機，他命大將曹參等率軍連夜攻擊藍田北面的秦軍後，不給敵人喘息的機會，又揮軍疾進奪取戰機，命夏侯嬰「以兵車趣攻占疾，至霸上」，同時又派大將灌嬰等人「戰於藍田，疾力至霸上」以增援。灞上失守使都城咸陽門戶洞開，秦軍再也無法組織力量抵抗，秦王子嬰立即投降。劉邦占領咸陽後，聽從謀士張良的計策，「封秦重寶財物府庫，還軍霸上」，不與當時實力強大的項羽正面相抗衡，以灞上為據點以保存實力。在回軍灞上後，劉邦召集了諸縣的父老豪傑，頒布了歷史上著名的「約法三章」，得到眾多人的支持和擁護，為他以後戰勝項羽奠定了基礎。

不得不佩服劉公的睿智和氣度，以退為進、虛虛實實，以致於以後的「明修棧道，暗度陳倉」讓力能扛鼎的西楚霸王落得個烏江自刎的下場。

自灞上名稱出現以來，發生在灞上的往事以及與灞上有關的人物史書中記載很多，歷代很多迎來餞別也在灞上。

戰國時期，諸侯群起爭霸天下。秦王派大將王翦率六十萬兵力從咸陽出發討伐南方的楚國，親自送行至灞上。

西漢十一年，黥布反，高祖親自率軍平叛，「將而東，群臣居守，皆送至霸上」。

漢高祖駕崩後，惠帝立，呂后為皇太后，囚禁戚夫人，並想誅殺戚夫人子趙王如意。惠帝慈仁，知道其母后想殺趙王，為了保護趙王安全，他「自迎趙王霸上，入宮，挾與起居飲食。」數月後，太后伺趙王一人獨居的機會，最終使人毒死趙王。

建安二年武帝得知淮南王劉安謀逆，大怒，「發材官與中尉卒三萬人為皇太子衛，軍於霸上」討伐，劉安兵敗被誅殺。

西漢昭帝死後無子，群臣迎立昌邑王賀繼位。昌邑王入京時，史載：「賀至霸上，大鴻臚郊迎，驂奉乘輿車。」

西晉時，張方擁兵自重，劫帝前往長安，張方擁帝及皇太弟穎、豫章王熾

瀟河水面

等趨長安。駕至新安，河間王顒帥官屬步騎三萬，親迎於霸上。

《晉書》還記載了在灞上送別的事。前秦王符堅任命其弟符融為鎮東將軍，從長安出發時，符堅「於霸東，奏樂賦詩」為其弟送別。堅母苟氏「以融少子，甚愛之，比發，三至霸上」送別幼子。

在灞上迎往送別的風氣延續到唐代還很盛行。北周保定四年，「昌州而羅陽蠻反，景宣回軍破之。還次霸上，晉公護親迎勞之」。

開皇四年，隋文帝在二月乙巳，餞梁主蕭巋於灞上。隋朝的樊子蓋無論是軍功還是在政績上都頗受高祖的寵信。「十八年，入朝，奏嶺南地圖，賜以良馬雜物，加統四州，令還任所，遣光祿少卿柳謇之餞於霸上。」

唐肅宗乾元元年，上皇李隆基從華清宮返回長安，肅宗曾到灞上親迎。還有唐末，黃巢由潼關入長安時，唐金吾大將軍張直率文武官員數十人在灞上迎接。朱溫歸長安時，黃巢也是「親勞於霸上」迎接他。

五代以後，經濟中心逐漸南移，國都也隨著東移，長安逐漸失去了政治中心地位，其交通樞紐要地的地位也隨之下降。往昔具有戰略意義的灞上也變成了一個普通的交叉路口，在歷史中逐漸湮沒無聞。

說完灞上，就不得不提灞橋。走訪世界各地，看過紐約時代廣場，巴黎香

現代時尚的滻灞生態區

榭麗舍大街，巴西救世耶穌像，這些建築都已經成為城市的圖騰，如果非要給
滻灞找一個圖騰的話，我想非灞橋莫屬。

在灞河上建橋由來已久，最早應追溯到春秋五霸之一的秦穆公在位期間。
據史料記載，當時，水漲時便連舟撐木而作浮橋，水落時就搭建便橋。橋因水
而得名，為「灞橋」。

灞橋古已有之，但隋唐灞橋最為有名。如果說滻灞地區是長安通往東方的
必經之地，那麼灞橋就是東西北交通的咽喉要道。灞橋修建在灞河之上。秦漢
之際，灞河上即建有橋梁。王莽時，將灞橋改為「長存橋」。隋文帝開皇三年
（西元 583 年），由長安遷都大興，因大興城在長安城東南方向，為了交通的
方便，在秦漢灞橋東南五公里的地方修建了新的灞橋。新灞橋為新型石橋，與
大興城（即唐長安）的通化門直對，從而大大便利了京城與東方各地的連繫。
到了唐代，長安城人口激增，灞橋空前繁忙。唐中宗景龍四年（西元 710
年），鑑於灞橋地處潼關路、蒲津關路、藍田關路的交匯處，人流、車流很
大，於是在隋代灞橋之南另建一橋，形成南北二橋的局面，以緩解東西交通方
面的壓力。唐德宗貞元元年（西元 785 年），又伐長安諸街古槐，對滻、灞二
橋進行了整修。唐朝滅亡後，灞橋被逐漸淹沒在河沙之中。

一九九四年四月，灞橋鎮柳巷村村民在灞河河道挖沙時，發現一件石刻龍
頭。經陝西省考古研究所搶救發掘，在河道下兩米處發現古代橋址。根據出土
的唐代琉璃瓦殘片等文物，斷定此橋即久負盛名的隋唐灞橋。隋唐灞橋的發
現，在海內外引起巨大的轟動，被評為當年全國十大考古發現之一。二〇〇四
年「十一」期間，西安灞河水漲，數小時後，在灞河河灘上露出十一個狀若船
形的橋墩，證實十年前的考古推斷是正確的。

到目前為止，共發現橋墩十一個，但根據河的寬度推測，應有四十多個橋
墩。故隋代灞橋大部分仍埋在河沙之下。如果全部揭露出來，將是何等壯觀！
過去，學術界公認趙州橋是現存世界上最早的石拱橋。但灞橋比趙州橋早建了
二十多年，而且建築技術十分高超。雖然隋唐灞橋的上半部分已毀，但它是中

水墨滻灞

國目前已知跨度最長、規模最大、時代最早的一座大型多孔石拱橋，在中國古橋梁史上占有十分重要的地位。

說完灞橋，再說灞柳。「灞柳風雪」作為古代關中八景之一曾吸引了多少文人墨客的詠歎。所謂關中八景即指華岳仙掌、驪山晚照、灞柳風雪、草堂煙霧、雁塔晨鐘、曲江流飲、太白積雪、咸陽古渡等八處自然景觀和人文景觀。

以風雪喻柳，精闢至極，最早出現在北朝劉義慶所撰的《世說新語》中，表現了東晉權臣謝安一門的風雅。一日，謝氏一門在堂前賞雪，謝安望著漫天飛舞的雪花，嘆道：「大雪紛紛何所似？」他的侄兒謝朗對道：散鹽空中差可擬。」一旁的侄女謝韞認為此喻不當，於是應聲吟道：「未若柳絮隨風起。」謝安聽後讚歎不已，而謝韞由此也在歷史上留下了「詠絮才」的美名，從此柳絮與風雪互為借喻，也才有後來的「灞柳風雪」之稱。

在關中八景中，灞柳風雪占有重要的地位。民間流行著一個傳說，尉遲敬德率領民工在灞河兩岸，砌石築壩，培植楊柳，這時一位詩人經過，驚嘆兩岸柳樹如蔭，堤下菱花鬥豔，不覺連聲讚歎：「灞柳風雪，菱花盛開，真是一副如詩勝畫的奇景啊！」「灞柳風雪」的說法也就一代代地延續了下來。灞水發源於秦嶺藍谷中，橫貫長安東郊，北流入渭河。灞橋架於灞水之上，古往今來，不僅是西安東行的交通要沖，而且以它的壯美身姿和四周秀美的景色久負盛名。灞橋一帶，古橋石路，淺水清澈，楊柳青枝細葉，飛絮如花似雪，呈現出「灞柳風雪撲滿面」的美景。

灞橋附近，每至季春三月，依依披拂的兩岸灞柳，放眼望去，滿目含煙，萬縷千絲，柳絮迎風，漫空飛舞，猶如冬雪天降，輕靈中無不透著浪漫的詩情。唐詩《灞上》即繪其景：「鳴鞭落日禁城東，渭水清煙灞上風。都旁柳陰

灞柳綽約

回首望，春天樓閣五云中。」宋代張先有「絮軟絲輕無繫絆，煙惹風迎，併入春心亂」的詞句，風情無限，直恁撩撥人心。佳景引來無數踏春尋游之人，於是灞畔逐漸成為春遊長安的風景勝地。人們或相聚而歡，或相與餞行，飲宴其中。有詩云：「伊川別騎，灞岸分筵。對三春之花月，覽千里之風煙。望青山兮分地，見白雲兮在天。寄愁心於樽酒，愴離續於清弦。共握手而相顧，各銜淒而黯然。」亦有：「筵開灞岸臨清淺，路去藍關入翠微。想到宜陽更無事，並將歡慶奉庭闈。」似有「今朝有酒今朝醉」之無奈，又有「西出陽關無故人」之感傷與豪邁。

關中風情廣運

曾經在馬賽偷閒過一個月的時光，導遊菲巴是一位非洲後裔，每天都帶著我觀賞這個地中海沿岸法國第二大城市的美景。在地中海沙灘上享受溫暖的日光浴，在羅納河邊看來來往往的美女，開一瓶紅酒，躺在普羅旺斯的薰衣草裡，就想永遠長眠。菲巴沒有正式的工作，生活就靠當導遊來維持，用他自己的話說：「我的時間都用來欣賞風景。」

和馬賽這個西元六世紀才建成的城市相比，西安有太多的歷史可以訴說。對於身處內地的西安來說，大海大河都是奢侈的，但廣運潭的存在卻恰如其分。二〇一三年初夏，利用週末遊覽廣運潭，讓我久久不能忘懷，以至於後來自己還驅車去過幾次。廣運潭的水不似江南的委婉秀氣，不如馬賽的浪漫繾綣，而是一種說不出的厚重，或者說是漣漪淘盡的無限感慨。

廣運這個名字，用老陝的話說，扎勢。據史書考證，這是唐玄宗親自選的名字。細想也對，開元盛世是中國封建王朝的頂峰，叫廣運，一點都不為過。

廣運門

《唐兩京城坊考》卷一《西京·三苑》引宋崔敦禮《廣運潭銘序》云:「唐天寶紀元之九年,陝郡太守韋堅有請治漢、隋運渠,起關門抵長安,以運山東之賦,有詔從之。乃絕灞、滻,並渭而東,至永豐倉復與渭合;又鑿潭於望春樓下以聚舟。越二年潭成,天子臨幸嘉焉,賜名廣運。」概括了廣運潭的修建時間、地理位置及開鑿目的等。《舊唐書》《新唐書》《資治通鑑》《長安志》《冊府元龜》等史書都有大致相同的記載。

天寶元年(西元 742 年),陝州刺史、水陸轉運使韋堅開鑿廣運潭,並在隋代廣通渠的基礎上,於渭水之南開鑿出了一條與渭水平行的渠道。天寶二年(西元 743 年),廣運潭修成。

修成後的廣運潭,使唐都長安通過華陰、陝州、洛陽與大運河連成一線,京城長安的糧食等物資運輸量大增。

廣運潭竣工那天，韋堅在廣運潭內舉行盛大的慶典。當朝皇上唐玄宗在望春樓上欣賞了廣運潭的曠世勝景。那天，從洛陽、汴州、宋州等地調集來了三百隻小斛底船，置於潭側，

廣陵郡（今揚州市）、丹陽郡（今南京市）等數十個州郡的船隻排在潭內，一路伸延出去，綿延數里，煞是壯觀。每隻船上的駕船船伕都戴大斗笠，穿寬袖衫，著芒鞋，清一色的吳、楚風俗。

為了慶祝這次盛會，陝縣尉崔成甫借用民間頗流行的一種說唱歌詞，改寫成一首《得寶歌》：得寶弘農野，弘農得寶耶！潭裡船車鬧，揚州銅器多。三郎當殿坐，看唱得寶歌。

據史料記載，廣運潭慶典盛大空前。「自衣缺胯綠衫，錦半臂，偏袒膊，紅羅抹額，於第一船作號頭唱之，和者婦人一百人，皆鮮服靚裝，齊聲接影，

長橋臥波氣如虹

灞柳驛一瞥

鼓笛胡部以應之。餘船洽進，至樓下，連檣彌亙數里，觀者山積。」（《舊唐書》）就是當時生動的寫照。

　　皇上所在的望春樓前，輪番登場的則是宮廷舞女的《霓裳羽衣舞》和《綠腰》。看到這一盛況，唐玄宗內心無比歡悅，他感謝運河，是運河使天下珍奇集於潭內，是運河使海內「小邑猶藏萬家寶」，使都城「稻米流脂粟米白，公私倉廩俱豐實。」（杜甫《憶昔》）望春樓上的唐玄宗不停地向廣運潭內表演的人群揮手，向他們致意，百姓們也向他們的聖上歡呼。

　　慶典一直從中午持續到入夜。回到宮內，唐玄宗仍無倦意，在御案前擬詔：韋堅夙夜勤勞，賞以懋功，宜特與三品。韋堅僚屬也聖典選日，優與處分。凡參加今天慶典的對應役人夫，也一律給予獎賞。（參見《舊唐書》）

　　詔敕說——

　　古之善政者，貴於足食，欲求富國者，必先利人，朕關輔之間，尤資殷

贍，比來轉輸，未免艱辛，故置此潭，以通漕運，萬代之利，一朝而成，將允葉於永圖，豈苟求於縱觀……賜名廣運潭。

關於廣運潭的具體位置，史學界觀點不一。但是對於開鑿廣運潭的原因，卻是眾口一詞的。

漕運貫穿於整個中國封建社會，乃至半殖民地半封建社會，始於秦漢而終於晚清，是以封建集權政治為母體，以封建自然經濟為土壤的封建產兒。中央集權的封建國家擁有龐大的官僚機構和軍事組織。封建社會是自給自足的自然經濟，全國性的商品尤其是糧食商品市場難以形成，封建王朝大量的糧食消費，無法通過市場以交換或購買的方式得到滿足。以皇帝為首的封建中央集權政府，其權力至高無上，便用行政手段解決問題，在全國範圍內徵收糧賦，並加以轉運。

漢末以來，大一統國家瓦解，諸侯割據，加之胡族入侵，北方因長期戰亂導致生產力下降。北方人士的大批南下，給南方帶來了先進技術和刻苦耐勞的精神，南方經濟很快發達起來。到唐代中後期，江淮一帶已成為全國的財富重點區。唐代的政治中心仍在關中長安，於是出現了政治中心與經濟中心的逐漸分離。另一方面，長安城的人口劇增到一百多萬，僅靠關中地區的經濟力量是無法支撐的。為進一步加強全國的經濟文化交流，有效地調動全國經濟力量，漕運再度興起。「唐都長安，而關中號稱沃野，然其土地狹，所出不足以給京師，備水旱，故常轉漕東南之粟。」但無論從江淮運糧到長安，抑或從關東漕運，都要經過洛陽以西的非常艱難的水陸運道。

為克服這一切困難，重開關中漕渠勢在必行。在這樣的歷史形勢下，陝郡太守兼水陸運使韋堅主持重開漕渠。漕運困難的問題從根本上得以解決，當年漕運量就達四百萬石。關中漕糧的增加，船隻的增多，不得不新開港口以加速漕糧的集散。天寶初年，韋堅經過悉心勘測後，在長安城東增開了引人注目的廣運潭。

作為唐王朝最重要的碼頭，廣運潭在這段歷史上可謂是熠熠生輝。這從韋

濕地公園入口景觀

堅於天寶年間在廣運潭上開了一個大規模的物產展覽會可窺見一斑。《舊唐書》卷一百五《韋堅傳》云：「若廣陵郡船，即於枙背上堆積廣陵所出錦、鏡、銅器、海味；丹陽郡船，即京口綾衫段；晉陵郡船，即折造官端綾繡；會稽郡船，即銅器、羅、吳綾、絳紗；南海郡船，即玳瑁、真珠、象牙、沉香；豫章郡船，即名瓷、酒器、茶釜、茶鐺、茶碗；宣城郡船，即空青石、紙筆、黃連；始安郡船，即蕉葛、蚺蛇膽、翡翠。船中皆有米，吳郡即三破糯米、方文綾。凡數十郡。駕船人皆大笠子、寬袖衫、芒屨，如吳、楚之制。」

　　喧鬧和繁華只是歷史的註腳，沉寂才是歷史的永恆。廣運潭興於韋堅，止於安祿山。這位歷史上著名的大胖子在漁陽點燃的一把戰亂之火，居然點燃了廣運潭的洪流，也燒盡了李唐王朝的好運。直到大軍閥朱溫挾唐昭宗遷都洛陽，李唐王朝覆滅，長安城被毀，廣運潭也變成了歷史的遺跡。

　　關中漕渠和廣運潭衰敗的原因，除上述的政治與社會因素外，自身的天然

缺陷也是不容忽視的。漕渠畢竟是一條人工河流，管理起來是不容易的。漕渠是從咸陽堰渭水而成。渭河是一條水流大但不穩定、沙多的河。在這樣的河流上修建石壩堰水，憑當時的科技水平，洪水很容易沖毀攔水壩，水就很難進入漕渠。另一方面，由於渭河水含沙量高，容易使漕渠淤塞，導致通漕的時日不會很久。漕渠還要橫過長安城東的灞、滻二水。灞、滻二水從秦嶺陡峭的北坡流出，水流迅猛。一旦洪水暴發，很容易沖毀漕渠。「灞、滻二水會於漕渠，每夏大雨輒皆漲，大曆之後，漸不通舟。」正是漕渠自身的缺陷，決定了它無法同天然河流相比。

在歷史的長河中，廣運潭的繁盛只能說是煙花一瞬，但卻有著深遠的影響。當我們審視唐代社會經濟、政治乃至文化時，不難發現，關中漕渠和廣運潭對其有著廣泛而深遠的影響。可以說，關中漕渠不僅僅是唐代的經濟生命線，也是政治生命線和文化生命線，廣運潭就是它們發生作用的支點。

地廣人稀、「火耕水耨」、生產力低下的江南地區因為漕運興起，大修水利，大興屯田，耕地面積迅速增加，經濟飛速發展，逐漸成為唐王朝及其後王朝的經濟重心。「稻米流脂粟米白，公私倉廩俱豐實」也推動了漕運沿線城市的興起，長安、洛陽、開封、魏州、貝州、杭州、越州、揚州等，都成為著名的經濟都會和重要城市。漕運使南北得以溝通，加強了南北經濟的連繫，密切了全國市場連繫，加快了中國古代商品經濟的繁榮。

歷史的車轍輪迴往復。現在，歷史上的廣運潭隨著漕運時代的結束消泯於斜陽盡處，而今的廣運潭景區已經成為西安人民的後花園。

驅車也罷，漫步也好，行進在八點一公里長的濱河大道上，清新的空氣沁人心脾，波光瀲灩的河水，綠草茵茵的緩堤更讓人心曠神怡。路東側的廣運潭景區，曾經滿目的沙坑已經不在，大大小小的湖泊、山坡、小溪已顯露出雛形。

滻灞生態區黨工委書記楊六齊介紹說，「關中風情廣運，灞上煙柳長堤。」作為綜合治理滻灞河流域的關鍵之一，廣運潭景區共占地十三點五三平方公

里。景區包括灞河煙柳景觀帶和動態遊覽景觀區、生態濕地景觀區、生態度假景觀區四部分，這「一帶托三區」的布局，把灞河大堤與東岸景觀區巧妙地結合起來，使整個景區形成一個有機的整體。整個項目建成後，數十湖泊，大小不一，層層相連，區內河道縱橫，水面蜿蜒曲折，將形成萬畝水域和萬畝綠地。

誰也不能永遠處於繁華的紙醉金迷中，廣運潭從歷史中來，還要到歷史中去。楊六齊這個身材頎長的關中漢子，帶領著他的團隊，肩負著一個城市的生態夢想，開始了水旺城興的盛世實踐。

皇家禁苑

封建王朝時，東西方其實是一樣的，都在推崇王權的至高無上。大抵是因為中國地大物博吧，所以最高統治者總是要修建雄偉的宮殿群供自己享受，還要圈起很多土地，作為自己的私有財產，禁止普通老百姓入內。

在現在的滻灞地區西北部，就是唐朝時期的皇家禁苑。禁苑是建在都城長安之旁的皇家專屬區域，唐代禁苑的位置在宮城以北，置於唐高宗龍朔以後。它主要有兩個方面的功能：第一，它是供天子遊獵賞玩的休閒場所。皇帝在處理政務之餘，就近不僅能欣賞到秀麗的湖光山色，還能進行射獵活動，起到怡情悅性和鍛鍊保健的功能。第二，它是保衛皇帝及其近親安全、拱衛宮城的軍事緩衝地帶。唐代長安城因襲了隋代大興城的很多舊制，保留了隋長安城北的「大興苑」，並更名為「禁苑」。不同的是，唐代禁苑面積要遠遠大於前朝之大興苑，它包括了漢代長安城的全部及其以東的廣大地區。清代徐崧所著《唐兩京城坊考》記載的唐代禁苑東西寬二十七里南北長三十里；《舊唐書·地理志》

大明宮含元殿翔鸞閣

記為東西二十七里，南北三十里。東至灞河西到漢代長安古城，北抵渭河南達京師長安。唐代禁苑計開有十門以便交通，其中南北各三門，東西各二門，苑內離宮亭觀二十四所，南望春亭、北望春亭、坡頭亭、柳園亭等在其中。四周苑牆環繞，苑內河流交織，軍事保衛功能十分顯著。

通俗點講，禁苑就是無事時遊樂，有事時保衛的宮城前哨。其實相對於禁苑，苑內的望春樓名氣更大。由於年代久遠、長期戰亂等因素的影響，望春樓已湮沒於歷史的長河，沒有任何地面建築遺存。由於到目前為止並沒有進行考古發掘，我們只能根據現存的文字資料，勾勒出它的相對位置。

望春樓是唐代祭春迎新的重要場所，唐代的許多重大事件都和它有關。無論是盛唐時期的妙歌曼舞、絲竹管弦，還是中晚唐時期的劍戈相擊、哀鴻遍野，它都看在眼、記在心，成為歷史的見證。可以說，它與大唐帝國的命運休戚相關。

傳世史書並沒有給出望春樓的確切建造時間，關於望春樓的最早文字記載

多與韋堅開鑿廣運潭、玄宗登樓觀新潭連繫在一起，若以廣運潭的興建為時間坐標，則它至少在唐玄宗天寶元年以前就存在了。

修建之初，大唐欣逢開元盛世，望春樓下冠蓋雲集，一片歌舞昇平，即便用最華麗的語言也不能描繪出帝王將相們生活方式奢侈到了何種程度。天寶二年（西元 743 年），韋堅鑿成廣運潭，玄宗登望春樓以觀之。韋堅用新船數百艘，各按其地名呈所產之奇珍異寶，陝縣尉崔成甫穿綠衫戴紅色頭巾，高歌自己新制之詞，並有美女百人穿盛裝應和，繁盛之景，一時無二。

可惜好景不長，北方狼煙四起，金戈鐵馬的殺伐之聲隨即響徹天地。天寶十四載（西元 755 年）十一月，雄踞范陽（今北京市附近）擁兵十五萬的安祿山反，長安一片震驚。當年十二月，玄宗於望春亭慰勞諸軍，遣高仙芝出潼關迎敵。從此，「驚破霓裳羽衣曲」。巧合的是，安祿山上一次進京面聖，玄宗親自在望春樓送別他，甚至還脫下自己身上的龍袍贈與安祿山。

唐代末年，黃巢起義，藩鎮割據，大大小小的戰事更讓望春樓飽受戰亂之

大明宮效果圖

苦。

唐朝滅亡後，歷史進入了一個比較長的分裂割據時期。後梁、後唐、後晉、後漢、後周五個短命王朝之間的殺伐更替，游牧民族的持續入侵，使得關中地區餓殍遍野。望春樓等禁苑建築部分可能被戰火焚燬，其餘的可能被人為拆除以用於軍備，所以在《新五代史》《舊五代史》中再也沒有任何關於望春樓等建築的記載。

望春樓是作為禮制建築修建的。唐代帝王每年都要舉行迎春活動，望春樓就承擔此項職能。皇帝以及他代表的整個統治階級舉行迎春活動，主要目的在於通過向上天祈福祭祀換取基業永固、皇權永在的心理安慰。

除了迎春祭祀，望春樓還有很多象徵意義。在中國古代，皇帝親自出城迎接或者親自離城送別大臣是難得的曠世恩典，能獲此殊榮的雖稱不上絕無僅有但也寥寥可數，中興名將郭子儀是其中一個。有意思的是，郭子儀和安祿山，一為平定叛亂的再造之臣，一為結束了大唐盛世的叛軍賊首，都曾勞動大唐皇帝御駕出城，一迎一送之間，開元盛世的繁華就成昨日之黃花。

高祖李淵送十二子彭王李元則靈柩，在望春樓上痛哭流涕；唐玄宗在此送別自己的岳父王仁皎，並親自題寫碑文；唐德宗送自己的妹妹嘉誠公主嫁於魏博節度使田緒，親自送到望春樓，並將自己所乘的金銀車贈予公主。

對於守著唐王朝大好河山的騷人墨客來說，望春樓是絕佳的風雅之地。唐代著名詩人王維的一首詩：「長樂青門外，宜春小苑東。樓開萬戶上，輦過百花中。畫鷁移仙妓，金貂列上公。清歌邀落日，妙舞向春風。渭水明秦甸，黃山入漢宮。君王來祓禊，灞滻亦朝宗。」正好能說明當時群賢畢至的勝景。

望春樓還有一景，則是特定歷史背景下的產物。歌舞昇平被馬蹄聲踏破之後，望春樓不見了飲酒作樂，更多是刀光劍戟和效忠宣誓。

望春樓上始聞干戈殺伐之聲是在安史之亂以後，尤以唐德宗朝次數最多。天寶十四載（西元 755 年）十一月，平盧、范陽、河東三鎮節度使安祿山調動本部兵馬，又徵調了部分同羅、奚、契丹、室韋人馬，總計十五萬，號稱二十

萬以「誅楊國忠」為名，起兵造反。此時，已當了四十二年太平皇帝且年過古稀的唐玄宗李隆基正和貴妃楊玉環暢遊華清宮，消息傳來，京師嘩然。當月，玄宗以高仙芝為討賊副元帥，領飛騎軍以及朔方、隴右等地軍馬繼封常清之後出潼關平叛。十二月，軍隊出發前，玄宗親往望春亭勞師出征並按唐代慣例遣宦官邊令誠監軍。

及德宗繼位，開始著手收服不馴之藩鎮，望春樓上干戈再起。建中二年（西元 782 年），振武軍（初置於唐中宗景龍二年，治所在東受降城，今內蒙古托克托縣西南黃河東岸）節度使彭令芳對下苛刻暴虐，監軍劉惠光貪婪而無休止，軍士憤而殺之。同時，李正巳屯兵曹州（在今山東省），田悅也增兵河上，河南人心惶惶，各地官吏的告急文書紛至沓來。德宗遂征發京西部分神策軍往關東戍守防備，德宗親臨望春樓勞師，獨神策軍將士拒不飲酒，問其故。其將領楊惠元說，神策軍自奉天出發時，軍帥張巨濟與諸將約定：「凱旋之日，當共為飲；苟未戎捷，無以飲酒」，故不敢奉命。德宗深感其軍紀嚴整，賜書賞勞。不久，楊惠元率其所部匯合其他將領進擊作亂的田悅，居功至偉。

至此，望春樓就完成了它的使命。

迎春、折柳、祓禊

現在中國的傳統節日，很多年輕人都不重視了，倒是舶來品如「聖誕節」「情人節」等愈發的緊俏，還有商家炒作出來的「光棍節」居然吸金幾百億，不由得讓人倒吸了一口涼氣。

二〇一二年農曆龍年春節，未曾想到紐約時代廣場的大屏幕上居然打出了「龍年春節」的字樣，而在中國，除了餃子，就是春節聯歡晚會，想看個煙火

表演，還要到指定地點去。

記得小時候的年味重，穿上新衣服，給長輩拜年要壓歲錢。

滻灞地區蘊藏著豐富的傳統文化。其中最有特點的當數迎春活動。這種活動起源甚早，興於秦漢，盛於隋唐，在一定程度上體現了中國古代的禮樂文明。

中國古代的迎春活動最早源於原始社會對自然現象的原始崇拜。原始社會時期，人們對自然界的認知僅侷限於他們微薄的想像力，對一切不可知現象的恐懼心理導致了對某些自然現象的原始崇拜。

夏、商、周以來，隨著文明程度的提高，人類開始掌握了一些初級的天文知識，所以對自然界的認知就有了突破性的進展。最遲在戰國時代就基本形成了二十四節氣。最早形成的八個節氣即是「四立（立春、立夏、立秋、立冬）」

灞河堤岸美如畫

「二分（春分、秋分）」「二至（夏至、冬至）」。可見，立春是出現最早的節氣之一，春秋時期它也是個比較特殊的日子，且已具有節日的雛形。

兩漢時期，漢武帝採納了董仲舒「罷黜百家，獨尊儒術」的建議，隨著公羊一派學說逐漸成為官方的欽定思想，《禮記》以及其他儒家典籍中的禮儀制度開始逐漸走向實踐。就在這一時期，天人感應和陰陽五行學說對迎春禮儀產生了重大影響，使得迎春祭祀從形式到內容都有了比較大的變化。《後漢書·祭祀志》：「迎時氣，五郊之兆。自永平中，以《禮讖》及《月令》有五郊迎氣服色，因采元始中故事。兆五郊於洛陽四方。中兆在未，壇皆三尺，階無等。立春之日，迎春於東郊，祭青帝勾芒，車騎服色皆青，歌『青陽，八佾舞『雲翹』之舞。」

大唐王朝是中國中古時期最繁盛的王朝之一，全面開放的浩蕩唐風對包括迎春禮儀在內的諸多制度都產生了巨大的影響。唐朝的迎春禮是一個全體人民都參與的盛大節日，上至皇親貴戚下至平民百姓都喜於在這一天盛裝出遊，品佳餚、飲美酒、聽音樂、看舞蹈，好一個歡樂喜慶的節日！在這樣一個開放的大環境下，唐人對於迎春活動表現出了很高的熱情，在《全唐詩》《全唐詞》《全唐文》中所收錄的大量的唐人迎春詩文便是一證。這些詩文既有歌功頌德的應制之作也不乏觸景生情的優秀作品，涉及從初唐到晚唐的許多文人，我們所熟識的大家更比比皆是。

對於迎春我是沒有概念的，但這些勝景，卻時常出現在我的腦海裡。或許是對盛唐的嚮往吧，有時候會夢到自己化身一棵唐朝的蘆葦，挺身在灞河的水裡，看著來來往往川流的人群。可惜的是，「舞榭歌臺，風流總被雨打風吹去。」

在滻灞地區的傳統文化中，祓禊是一個相當重要的組成部分。

祓禊也稱「祓除」「修禊」「祓齋」，是指在郊外水濱舉行的洗浴活動。此項活動起源甚早，至遲在春秋戰國時期已經形成相對固定的風俗。《風俗通義·祀典》載：「禊者，潔也。春者，蠢也，蠢蠢搖動也。……療生疾之時，

故於水上釁潔之也。」祓禊有除災驅邪、求偶乞子之意。秦漢以來，這種風俗相沿不改。王公貴族，常於三月上巳在灞水邊祓禊。《漢書‧外戚傳》載：「武帝即位數年，無子，平陽公主求良家女十餘飾置於家，帝祓灞上而過焉。還過平陽公主，見所侍美人，帝不悅。既然飲，謳者進，帝獨悅衛子夫。」《後漢書‧禮儀志》載：「是月上巳，官民皆潔於東流水上，曰洗濯祓除宿垢。」隋唐之際，三月三日攜酒食踏青祓禊蔚然成風。唐代三月三日祓禊多在曲江進行，故杜甫詩云：「三月三日天氣新，長安水邊多麗人。」除曲江外，涇、渭、滻、灞諸水之濱亦為都人祓除之地。唐代帝王常來滻、灞祓禊，故唐詩中有「元巳秦中節，吾君灞上游」，「君王來祓禊，灞滻亦朝宗」的詩句。三月上巳，春暖花開，灞滻兩岸，綠樹成蔭，環境優美，故成為祓禊的理想之地。祓禊不只是一種娛樂活動，也在一定程度上體現了溫文爾雅的隋唐文化。

　　魏晉以後，古代中國進入了氣勢恢宏、如史詩般壯麗的隋唐時代。隋唐文化以其深厚、奔放、明朗的氣質而成為歷史上一個至今令人讚歎的奇跡。祓禊這一古老的習俗也重新煥發出生機與活力，它儼然已脫胎成全民的狂歡節。在民間，人們乘著明媚春日，成群結隊，攜著酒食，來到水濱，盡情歡暢。在上層社會，君臣貴戚，名流士紳，或是在水濱舉行盛大的宴會，或是泛舟水上，或是仿古人流觴，充分地愉悅著彼此的心靈。在祓禊神祕宗教性漸趨式微的同時，其祛疾除邪的古意在娛樂氣氛的重重包圍下，竟也露出了些許生機，在原生的洗浴儀式外，又派生出了戴柳之風，以此沿繼著祛疾驅邪之功。

　　祓禊最初是在水濱舉行的洗浴儀式，因為古人相信水有蕩滌宿垢的功效，示意驅邪除疾，祈子祈福。正是基於此種目的，祓禊勢必要在某一水域才能開展。由於該習俗的廣泛傳播與流傳，文獻中有關祓禊及其水域的記載不計其數。《詩經》記載鄭國民眾於溱、洧兩水上行祓禊。《論語》則載「浴乎沂」。王羲之、謝安一行人更是於遠在江南的山陰蘭亭「修禊事」。據文獻記載，多數聞名後世的祓禊水域集中在長安、洛陽兩地，這無疑與兩地長期作為都城有關。

長安自古是個「水都」。在中國歷史上，關中地區河川縱橫，泉沼遍布，沃野千里，是「天府之國」。長安正位於八百里秦川的中心，南有終南之山綿延千里，因有「披山帶河」之說。尤其經過歷代變遷，到了隋唐之際，周圍有涇、渭、灞、滻、澧、滈、潦、潏八水穿行其間。長安祓禊水域甚多，有渭水、灞水、曲江、勤政樓、望江亭、禁園、樂遊園、定昆池、龍池等。其中最為重要的是渭濱、曲江和灞水三地，而灞水之畔又是歷史最為悠久的祓禊勝地。

《漢書》中頻繁出現在灞水之濱舉行祓禊的記載。《漢書・外戚傳上・孝武衛皇后》載：（漢武）帝祓灞上。《漢書・元後傳》載：平帝時，太后王政君率皇后列侯夫人「遵霸水而祓除」。《後漢書》還有「八月祓灞水」的記載。通過這些記載，可以明確兩點：一是祓禊已經成為國家生活中的一項重要的儀式，而且由皇族親自主持；二是祓禊的地點選在灞水之畔。

折柳贈別是古代的一種行旅風俗，作為一種吉祥物，柳，是遠在異鄉的遊子與親友的情感凝結。柳由於其特殊性質而負荷了人們沉重的離愁別緒。施肩吾《折柳枝》：「傷心路邊楊柳春，一重折盡一重新。今年還折去年處，不送去年離別人。」孟郊《古離別》：「楊柳織別愁，千條萬條絲。」依依柳條，漫漫柳絮，勾起漂泊在外獨在異鄉的人們的斷腸思緒。千年歷史沉澱，折柳風俗形成了一種民俗文化心理，成為一種文化基奠。「灞柳風雪」則是其經典的展現。

柳作為文學作品中的離別意向最早大概始於《詩經・小雅・採薇》：「昔我往矣，楊柳依依，今我來思，雨雪霏霏。」在這裡詩人賦予了柳的離別意象，開後世意象之先河，此離別意象盛於魏晉南北朝時期，經唐宋的沉澱和凝固，成為這一時期文壇和現實生活中的一大奇葩。「楊柳多短枝，短枝多離別。贈遠屢攀折，柔條安得垂。青春有定節，離別無定時。但恐別人促，不願來遲遲。莫言短枝條，中有長相思。朱顏與綠柳，並在離別期。」人們不禁要問，嬌柔細柳何以堪負如此之重？世人又何以如此青睞於它？

　　古人鍾情於柳，當然與柳自身的特點以及從柳本身所挖掘出的意義有關。「多情自古傷別離」，重情重義的中國人從「柳」與「留」的諧音中，發掘了柳的留別、留情、挽留的意象，且柳絮之「絮」與情緒之「緒」諧音，柳絲之「絲」與相思之「思」諧音。於是古人將依依惜別的情懷寄託於嬌柔細柳。贈柳、詠柳也就常常帶有希望離別之人能夠留下來的美好心願。「青青河畔草，鬱鬱園中柳。回首望君柳絲下，揮手別君淚難休。」古人用柳枝的隨風飄搖表示別情的依依，真的是恰如其分。

　　「折柳贈別」的禮俗大概始於漢朝。據《三輔黃圖》卷六「橋」條下載：「灞橋，在長安東，跨水作橋。漢人送客至此橋，折柳贈別。王莽時灞橋災，數千人以水沃救不滅。」由於灞橋位踞漢唐等歷代政治文化中心東向的交通要道上，人們往往在這裡送別遠行的親友。同時《雍錄》又載：「漢世凡東出函、潼必自灞陵始，故贈行者於此折柳相送。」而灞橋因為長久成為禮送行旅

水暖柳綠白鷺飛

之人時抒發別離感傷情懷的處所，又被稱為「銷魂橋」。

　　折柳送別的風俗在唐代最為盛行。灞橋岸邊，依依柳絲，漫漫柳絮，無不勾起漂泊零落、孑然一身而又滿懷哀傷與思念、獨在異鄉的人們的斷腸思緒。堆煙楊柳，似雪飛絮，形成了一道獨特的風景「灞柳風雪」。灞水岸邊依依披拂的垂柳，從古至今不知凝聚了多少古人生離死別的聲音和隱隱約約的哽咽，亦曾得到多少淚水的浸潤。羅隱《柳》：「灞岸晴來送別頻，相思相依不勝春。自家飛絮猶未定，爭解垂絲絆路人。」如今為之流淚的人早已杳然而去，可柳卻依舊固守著曾有的那份離別愁緒。

　　天時地利人和使得「灞橋折柳」贈別成為經典中的經典，不然何處無橋？何處無柳？而世人卻獨鍾情於此。每每春至，柳絮迎風，滿空飛舞，與冬雪無異的美景，沉醉了多少文人墨客。灞河、灞橋、灞柳、灞亭，竟讓人無法不為之傾倒，詩情才氣，生離死別的離愁別緒，到這裡被揮灑得淋漓盡致，定格為

一種民俗心理共識，成為感世驚心的絕唱。灞河、灞橋、灞柳、灞亭融為一體，「灞橋折柳」亦成為離別的象徵。《西安府志》：「灞橋兩岸，築堤五里，栽柳萬株，遊人肩摩轂擊，為長安之壯觀。」

在《全唐詩》中，專門詠柳的就有四百多首。其中既有朋友別離，又有情人相思，而送別地域既有京灞橋邊，又有大江南北岸，折柳送別無處不在，亭前橋邊的萬千柳樹，成了有唐一代文人士大夫送別親朋表達惜別的一種文化符號，那柔軟綿長的柳條，日夜縈繞著天涯遊子的心。折柳送別作為吉祥禮俗，在唐代最終塵埃落定達到輝煌的頂峰，並凝鑄成了一種民俗心理文化。

聽老西安人講，解放初期灞橋的橋頭兩側，原來各有一座造型大氣、氣勢恢弘的牌坊。一座上書「東接崤函」，一座則寫著「軌通西域」，灞橋作為西安東大門的重要地位由此可見一斑。可後來因為嫌這兩座牌坊影響通車，早就拆除了。這些都已成為了歷史，在經濟發展的同時，人們也在不自覺中破壞著

自己賴以生存的環境。多少灞河柳，被人們砍伐做了床板，做了釜底之薪。老灞橋也面臨將被拆毀的命運。行走在灞橋街面，那如詩如畫的「灞柳風雪」早沒了蹤影，那令人銷魂的「折柳贈別」的風情也已無從尋覓。

回頭再望灞橋柳時，那首《灞橋柳》曲不由地在耳邊迴響：

灞橋柳，灞橋柳，
拂不去煙塵繫不住愁。
我人在陽春，心在那深秋，
你可知無奈的風霜，
它怎樣在我臉上留。
灞橋柳，灞橋柳，
遮得住淚眼，牽不住手。
我人在夢中，心在那別後，
你可知古老的秦腔，
它並非只是一杯酒。
啊，灞橋柳！

折柳問滄桑 02章

藍田問滄桑

　　在陳忠實先生的《白鹿原》中，對於宗祠文化的描寫可謂是濃墨重彩的。白嘉軒坐在祖宗牌位前筆直的腰桿，是黑娃和小娥無法翻越的高山，也是鹿子霖夢寐以求的坐姿。等到黑娃用棍子痛毆白嘉軒讓他挺不起腰，宗祠也被日本人的飛機炸得支離破碎了。

藍田縣城全景

每年過節，母親依然會在堂屋的桌子上擺滿水果和肉，在祖宗的牌位前磕幾個頭，有時候也要拉上我一起。對於自己從哪兒來，中國人總是懷揣著感恩和崇敬。

說道起來，怕是所有的亞洲人都應該來藍田祭拜，因為藍田人是目前發現的最早的亞洲直立人種，比爪哇人和北京人都要早。我想我算是留守老家的看門人，其他地方的都是我們的兄弟姐妹，等他們想回家看看的時候，我便打掃好房間，沏好茯茶，站在村外的三岔路口，一遍遍張望，等他們回家。

和滻灞緊緊相連著的，就是藍田。說到藍田，怕是要先說說美玉。「滄海月明珠有淚，藍田日暖玉生煙」這樣華麗的辭藻似乎多了些宮廷的味道，但是我在乎的是其中的藍田玉。

藍田玉是古代名玉，早在秦代即採石製玉璽，著名的有和氏璧。唐代及以前的許多古籍中都有藍田產美玉的記載。據記載，唐明皇就曾命人采藍田玉為楊貴妃製作磬（一種打擊樂器）。《漢書・地理志》說美玉產自「京北（今西安北）藍田山」。

藍田玉有翠玉、墨玉、彩玉、漢白玉、黃玉，多為色彩分明的多色玉，色澤好，花紋奇。據近年勘測，藍田玉儲量達一百萬立方米以上，主要分布在玉川鄉和紅門寺鄉。當地民間玉匠過去都是用人工采玉加工，近年來開始使用機械採石加工，生產出多種多樣的裝飾品和工藝品，如玉杯、玉硯、玉鐲、健身球等。不少玉石品隱現出天然的山水圖像，不失為物美價廉的工藝品。

根據亞洲寶石協會（GIG）地方玉石研究報告，藍田玉是中國開發利用最早的玉種之一，迄今已有四千多年的歷史了。藍田縣位於西安市東南，縣城距西安四十公里，縣境除東、南部為秦嶺山區外，餘為川原丘陵地帶。繞流長安的八水中的灞河和滻河即發源於此，著名的白鹿原便夾居於灞、滻之間。戰國時期，秦置藍田縣，因為玉之美者曰藍，縣產美玉，故名藍田。

最重要的，當然還是藍田人。根據百度百科的定義，「藍田人」是中國的直立人化石，舊石器時代早期人類，屬早期直立人，學名為「直立人藍田亞

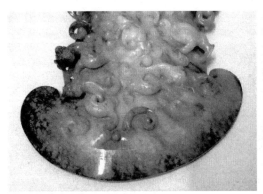

戰國大玉鍼　　　　　　　　　　　　　　菜玉鏟

種」，英文名稱：Homo（Sinanthropus）erectuslantianensis。生活的時代是更新
世中期、舊石器時代早期。一九六四年發現於陝西省藍田縣公王嶺，命名為
「藍田人」。

　　藍田人的年份較北京人早數十萬年。因此他們在體質形態上有不少差別。
例如藍田人的容貌更似猿猴，智力和四肢也比不上北京人發達。考古學家因而
把藍田人分類為「早期直立人」，把北京人分類為「晚期直立人」。他們住在
更新世中期、舊石器時代。早期的藍田人為西安最早的居民，或者可以稱為亞
洲最早的人。

　　我曾經專門去藍田拜謁祖先。輕撫她高聳的顴骨，還有她薄薄的嘴唇。她
應該是那個時代的美人，有很多人愛慕。在我的身邊，有一位年輕的母親抱著
小朋友，小朋友應該不滿三歲，「媽媽，我應該叫她什麼啊？」孩子的問題讓

母親無法作答。我摸了摸孩子的頭,「叫她母親!」「那母親和媽媽一樣嗎?」「不一樣,母親不光是媽媽。」可能是我的回答太過於籠統吧,小孩子再也不和我搭話了。

藍田人大約生活在一百一十萬至一百一十五萬年前。當時藍田人的生活地區,草木茂盛,很多種遠古動物棲息,包括大熊貓、東方劍齒象、葛氏斑鹿等素食動物,更有凶猛的劍齒虎。藍田人用簡單而粗糙的方法打製石器,包括大尖狀器、砍砸器、刮削器和石球等,在自然環境中掙扎求存。他們捕獵野獸,採集果實、種籽和塊莖等為食物。

在藍田的中更新世地層裡,共發現二百多件石製品,其中從公王嶺含化石層和稍晚層位中發現的不過十三件,另外一些則出自附近與之層相當的二十來個地點。這些石製品本身的技術差別不大,在目前材料不足的情況下,一般暫時將它們都看作是藍田人的文化遺物。藍田石製品包括砍斫器、刮削器、大尖狀器和石球,還有一些石核和石片。它們多半用石英岩礫石和脈石英碎塊製成,比較粗糙。石器中最有特色的是大尖狀器,斷面呈三角形,又稱「三棱大尖狀器」。除藍田外,這種石器在丁村遺址、合河文化、西侯度文化和三門峽市等地點中也有發現。上述地點均位於「汾渭地塹」及其鄰近地區,表明大尖狀器是這個地區舊石器文化的一個重要因素。在藍田只發現一件石球,製作粗糙,與丁村、合河、三門峽市等地點發現的比較接近。藍田的砍斫器和刮削器沒有什麼特色,製法和類型都和華北其他舊石器時代早期地點的差不多。在公王嶺含化石層裡還發現了三四處灰燼和灰屑,散布範圍均不大,研究者認為很可能是藍田人用火的遺跡。

試想一下,他們奔跑在青山綠水間,吃著原生態的食物,拿著石頭和火把,過著公社式的生活,群體而居。這不就是我們追求的理想社會嗎?繞了一大圈,最後我們卻又想回到原點。

半坡氏族的故鄉

　　半坡遺址位於陝西西安市東郊滻河東岸半坡村北，是六七千年前的黃河流域仰韶文化的典型代表。它保存著我們祖先在原始氏族公社時代活動許多真實的圖景，形象地反映了當時半坡社會經濟生活和文化狀況，半坡遺址在中國新石器時代的研究中占有重要位置。

　　渭河發源於甘肅，滔滔滾滾曲折而來，奔騰東流注入黃河，橫貫陝西中部。渭河流域，支流密佈，土地肥沃，人稱八百里秦川，為人類生息繁衍的搖籃。半坡遺址恰在秦川上，背依白鹿原，前臨滻河，距今約五千至六千年，當是新石器時代中期了。作為時間上前後相繼的上宅文化遺址，北有燕山，南有洵河，依山傍水。看來人類早期生活似有共通之處，畢竟那個時代人類還只能被動地依賴自然，而不能主動地征服自然改造自然。半坡遺址，發現於二十世紀五〇年代，是典型的母系氏族聚落遺址，以豐富的文化遺存，成為中國仰韶文化的代表。半坡博物館，就坐落在遺址上，進去，須登幾十級臺階，彷彿一條時光隧道，一級級引我步入遠古先民的生活情境中。

　　半坡人居住的地方，用今天的話，應該叫半坡村。無論是方形的還是圓形的房屋，多為半地穴式，而且以小屋居多，大屋僅一座，位於中央，小屋圍大屋而築。這種環形布局，不會是無意識的，明顯地體現著團結向心的一種原則一種精神。上宅文化遺址，也是半地穴式建築，大多是不規整的橢圓形，屋內都埋有一個或兩個深腹罐，是灶塘吧，且兼及存儲火種。因沒有全部挖掘，不知是否也有大屋，也環形布局。

　　半坡遺址上，有很多柱洞，其建築應是用樹木枝和其他植物的莖葉再加泥

土混合架構而成的，上宅文化遺址也發現了柱洞。這些今天看來實在是不起眼的「馬架子窩棚」，卻是六千年前先民的傑出創造，是中國土木合構的古典建築的發端了。穴居日久，容易「下潤濕傷民」，人們便就地取材，鋪茅草、皮毛甚至烘烤地面。屋內設有火塘，但無煙道，一旦失火，就得重新搭造，何等艱難的生活！人類發展是緩慢的，每一個進步，都經歷了漫長的生活實踐甚至付出了血與火的慘重代價。

原始的先民，也在努力尋找自己的生存空間，棲身之地，現在的煙囪等通風通煙易如反掌，隨心所欲，但半坡人能做的，也只有穴居。這些人處在母系氏族階段，每個小房子，住著過婚姻生活的婦女以及不確定的來訪的其他氏族的男子，其中，也會有男女相對穩定的對偶婚，但絕不是後來的一夫一妻制，子女仍然只知其母，不知其父。最受尊重的「老祖母」或另外多族的首領住在大屋子裡，同時也是老年、孩子的集體住所。在半坡村裡，人們過著生而平等相安無事的原始共產主義生活。

半坡遺址母系氏族的發源地

居住區是一種環形布局，四周環繞一條壕塹圍護，塹深六至七米，寬五至八米。半坡人沒有現代的挖掘設備，完全是用簡單的石鏟一鏟一鏟掘成的，數百米的壕塹，算來起碼出土量要一萬多立方米，其工程之浩大之艱難，恐怕不亞於後人開鑿一條大運河。

夏雨時節，村落積水可以疏導到壕塹中，而野獸襲擊、外族侵襲，壕塹做了第一道防護的屏障，這是後世城壕的雛型或先驅。塹北為墓葬區，是一片完整的氏族公共墓地，死者排列相當整齊，一般頭部向西，以單人葬為主，也有二人四人葬；有一次葬，也有二次葬；有仰身葬，也有俯身葬；有直肢葬，也有屈肢葬，以及甕棺葬。其中，成人兒童分開，兒童大多不葬於公共墓地內，而是置於甕棺內，埋在房屋附近。

從整個墓葬看，那時仍處於原始社會，生產力水平極其低下，物質極其匱乏，人類還沒有走出混沌，因而沒有階級，沒有貧富，更沒有剝削與壓迫了，但差別總是有的，可能社會學家會有很多種更科學更合理的解釋。

半坡人生存的途徑，一靠狩獵，二靠捕魚，三靠種植。從出土的許多石或骨的箭頭看，他們已普遍使用弓箭，還有石球石矛。由此可以想見，人類發明了弓箭與矛，延伸自己的臂力，最初只為滿足生存需要，後來進入階級社會，為了爭奪領土，為了爭奪權力，弓箭與矛才用於戰爭，用於消滅人類自己！數千年了，魚網難以保存，網墜兒卻不易腐朽，很簡單，就是把扁平的小卵石，兩側擊打出缺口，拴在網沿上，墜網沉入水底，網在水中張開，待魚自投了。似乎陶器上曾印有布紋，證明半坡人已經紡紗織布，因此，他們就一定能夠用細繩，編織魚網。

我們切不可將五六千年前先人的智慧估計太高，畢竟是人類的童年，還沒有進入文明時代，但也不能把他們的智慧估計太低，什麼都不行。據考古發現，半坡人已大量使用石鏟、石斧、石鋤等生產工具，進入了較發達的原始農業階段。他們用石斧砍倒樹木，芟除雜草，並放火焚燒，再用石鏟翻掘土地，石鋤和尖木棒挖穴點種，最後，用石鐮或陶鐮收穫，食用時用石磨盤、石磨棒

西安半坡博物館

脫皮碾碎。現已發現半坡人盛粟的罐和粟腐朽後的遺物，證明半坡人學會了栽培，粟耐旱易種，且便於存貯，不僅養育了六千年前的先民，至今仍是中國北方種植的主要作物。故此，中國也當之無愧地成為世界上農業發展較早的國家之一，也是最早栽培粟的國家。正是由於六千年前先民的生活是建立在農業生產基礎上，即便是刀耕火種，他們才能夠過著較穩定較長久的定居生活，孕育了原始農業的萌芽。

半坡人製作了大批彩陶。雖然製作於遠古時期，卻顯現著魅人的藝術感染力。他們以天真的童稚目光，好奇地觀察和認識著變幻無窮的斑斕世界，用彩色繪製在陶器上，這些彩陶圖案或寫實，如游動的魚，奔馳的鹿，應是他們漁獵的寫照，那藝術形象儘管簡潔，卻寓意深刻，如人面魚紋圖案，人面塗彩，口部銜魚，三角頭飾等都充分再現了他們的精神世界。

據說，夏部族是以龍紋為主要的圖騰紋樣，又傳說夏禹治水，那麼，夏部

族的龍紋是否是從半坡氏族的魚類水族深化派生出的呢？上宅文化遺址發現了許多鳥首陶柱，專家認定這是上宅人祭祀的東西，崇拜的圖騰。那圖騰是一種鳥。曾有人認為商部族就發源於燕山山脈南麓，而商部族信奉的是玄鳥，即燕子，那莽莽蒼蒼的山脈又叫燕山，我不敢妄斷商部族就一定是由上宅人繁衍來的，這其中是否會有些內在關聯甚至一脈相承呢？尚未可知。上宅文化遺址出土的陶器上，還沒有發現具有明顯的有規律的符號，而半坡多種器物上，都有符號，筆畫均勻流暢，相當規整。同類符號在關中地區其他遺址中，多有發現。從其形狀看，同殷商甲骨文十分相像，二者都出現於中國北方中原地區，只時間有別。是純粹的偶然嗎？甲骨文會不會來源於這些刻劃的符號呢？無論如何，甲骨文已經是一種很成熟很系統的文字，絕不會憑空產生的。而這些符號，到底代表什麼意義，只有求教半坡人了。

半坡，仰韶文化的代表，太博大精深了，門外的我只匆匆一瞥，僅僅看了

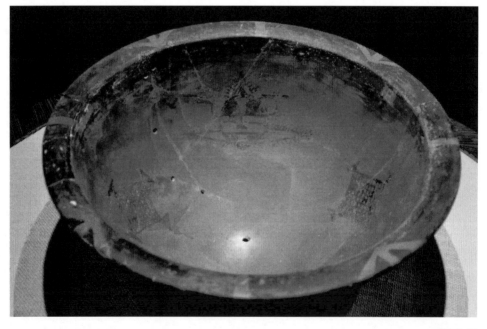

半坡陶器

幾個先人足跡。而這足跡，甭管是深是淺，也是母親在遠古留下的。況且，與上宅人儘管遠隔千年與千里，足跡卻時斷時續地聯貫在了一起……

唐末長安的滻灞之殤

　　雅典、羅馬、開羅、西安，世界四大文明古都。和其他三個比起來，長安最大、最久、最盛，所以他的消亡，也最令人扼腕嘆息。我時常想，如果長安城保存到現在，會是什麼樣子？當然，這樣的假設已經不成立了，與長安城的緣分，怕是只有在夢裡了。

　　唐朝的消亡，安祿山只是導火索，歸根結底，則是滾滾向前的歷史車輪。

　　可惜了我的大明宮，可惜了我的廣運潭，可惜了我的灞橋，只留下隨風飛舞的柳絮……

　　據文獻記載和考古資料，隋唐長安是全國的首都，也是最負盛名的國際化大都市，總面積達到八十平方公里以上，相當於巴格達的六倍，拜占庭的七倍，洛陽城的一點八倍，比明代南京城大一點九倍，比清代北京城大一點四倍。可以毫不誇張地說，唐都長安城是當時世界上最宏大、最繁華、最文明的城市。位於這座城市東郊的滻灞地區隨著城市的繁榮而繁榮。在隋唐兩代，這裡是人文薈萃之區，經濟發達，文化昌盛，充滿活力，受到達官顯貴和宗教人士的高度重視。

　　由於滻灞一帶具有良好的人居環境，因此社會名流紛紛在此地修建「別墅」或「別業」，作為休閒遊樂的場所。如劉長卿的「灞陵別業」、王昌齡的「灞上閒居」、郭曖的「滻川山池」、李福的「滻川別業」、太平公主南莊、長寧公主東莊等。其中太平公主南莊在灞河附近，唐高宗曾親率近臣到山莊飲

宴。當時唐高宗很高興，賦詩一首，群臣多應制附和。宋之問《奉和春初幸太平公主南莊應制》詩云：「青門路接鳳凰臺，素滻宸遊龍騎來。澗草自迎香輦合，岩花應待御筵開。文移北斗成天象，酒遞南山作壽杯。此日侍臣將石去，共歡明主賜金回。」蘇頲《奉和初春幸太平公主南莊應制》詩云：「主第山門起灞川，宸遊風景入初年。鳳凰樓下交天仗，烏鵲橋頭敞御筵。往往花間逢彩石，時時竹裡見紅泉。今朝扈蹕平陽館，不羨乘槎雲漢邊。」由此不難看出山莊的秀麗和飲宴的奢華。隋唐時期宗教發達，特別是佛道二教，發展到前所未有的程度。滻灞地區環境優美，也受到宗教人士的青睞。他們紛紛在此修建塔廟，作為道場。著名高僧玄奘圓寂之後，最初也葬在滻灞地區的白鹿原上。此外，在隋唐時期，滻灞一帶還被一些人視為風水寶地，在這裡選擇了自己的墓地。二十世紀以來，滻灞地區出土的眾多唐代墓誌，說明唐人確實是很喜歡這

大明宮丹鳳門

個地方。

　　隋唐時期是中國封建社會的鼎盛階段，也是滻灞地區最輝煌的時期。這一時期在滻灞及其附近地區發生過一系列重大事件。史載隋文帝開皇元年（西元581 年），楊堅代周建隋，都長安，在關中實行保、閭、族戶籍管理。開皇二年，在龍首原南麓建新都大興。開皇三年，遷都大興，改萬年縣為大興縣，鑿龍首、永安等渠，引滻、交等水入新都。開皇四年（西元 584 年），六月，詔開廣通渠。引渭水至潼關，以通漕運。開皇五年（西元 585 年），九月，改鮑陂為杜陂，霸水為滋水。

　　貞觀八年（西元 634 年），在龍首原上營建大明宮。高宗麟德元年（西元664 年），玄奘圓寂，葬白鹿原。總章二年（西元 669 年），遷葬玄奘於少陵原。玄宗開元二十二年（西元 734 年），八月，裴耀卿改革漕運，三年內運米

唐長安城復原圖

七百萬斛入關中。天寶二年（西元 743 年），三月，陝州刺史韋堅，造廣運潭，使江淮漕船直達京城。天寶七年（西元 748 年）改萬年縣為咸寧縣。至德元年（西元 756 年），安史叛軍逼近京師，唐玄宗逃往四川。至德二年（西元 757 年），郭子儀等大敗叛軍，收復京師。德宗貞元二十年（西元 804 年），日本留學僧空海至長安，在青龍寺學習密宗。武宗會昌四年（西元 844 年），武宗滅佛，毀京城佛堂三百餘所。僖宗乾符七年（西元 880 年），黃巢陷長安，建立大齊政權。光啟元年（西元 885 年），李克用、王重榮進逼京師，大肆焚掠。昭宗天復元年（西元 901 年），宦官韓全海焚燒宮城，朱全忠進入長安。哀帝天祐元年（西元 904 年），朱全忠脅昭宗遷都洛陽，對長安城進行毀滅性破壞。

　　遺憾的是，繁華似錦的長安城在唐末被徹底毀滅。唐昭宗天祐元年（西元 904 年）正月十三日，「（朱）全忠率師屯河中，遣牙將寇彥卿奉表請車駕遷都洛陽。全忠令長安居人按籍遷居，撤屋木，自渭浮河而下，連甍號哭，月餘

不息」。經過這次浩劫，一代名城，化為灰燼。灞滻地區也遭受了巨大的創傷，到處是殘破的景象。五代以後，中國的政治、經濟、軍事形勢發生了很大變化，東部地區成為歷代關心的重點。另一方面，關中地區恢復的速度很慢，到宋元時尚未復甦。後梁開平元年（西元 907 年）四月，改京兆府為大安府，以長安縣為大安縣，萬年縣為大年縣。開平三年（西元 909 年）七月，改佑國軍為永平軍。後唐同光元年（西元 923 年）十一月，廢永平軍，復以大安府為西京京兆府，以大安縣為長安縣，大年縣為萬年縣。後晉天福三年（西元 938 年）十月，廢西京，在京兆府設晉昌軍。後漢乾祐元年（西元 948 年）三月，改晉昌軍為永興軍。後周仍以京兆府永興軍為管理關中地區事務的重要機構。

　　長安城的毀滅影響了滻灞的歷史，影響了關中的歷史，影響了西部的歷史，也對整個中國歷史產生了重大的影響。長安城的毀滅使中國失去了一座影響最大的都市，後來中國再也沒有出現過這樣的都市。人們只能通過文獻記載和考古資料去推測它輝煌的過去，去緬懷它在歷史上的崇高地位。長安城的毀滅使中國西部經濟社會的發展遭受了嚴重的挫折。中國西部失去了國際化的大都市，失去了與各地關係密切的中心城市，失去了聚集在首都圈中的人才和財富，經濟社會的發展受到直接的衝擊。

　　由於長安失去國都地位，滻灞地區的地位明顯下降。宋元明清時期，中國政治經濟文化中心轉移，西安下降為西北地區的軍事重鎮，滻灞地區也隨之沉寂。

　　宋代滻灞所在的長安縣屬京兆府，領於永興軍路。元代此地隸咸寧，屬於奉元路，領於陝西行省。明清兩代隸咸寧，屬西安府，領於陝西省。這一時期與滻灞地區有關的事件不少。如宋仁宗慶曆二年（西元 1042 年），禁永興等十一軍商鹽，改由官方經營。高宗紹興十二年（西元 1142 年），宋金劃分陝西地界，大散關以北歸金所有。寧宗嘉定十五年（西元 1222 年），蒙古進兵關中，與完顏哈達對峙。京兆百姓往南山避難。理宗紹定三年（西元 1230 年），蒙古兵破京兆。完顏哈達遷部分京兆百姓於河南。寶祐元年（西元 1253

年），蒙哥汗遣忽必烈鎮守關中。寶祐二年（西元 1254 年），忽必烈以姚樞為勸農使，教民耕種。元世祖至元十年（西元 1273 年），忽必烈封其第三子忙歌剌為秦王，在滻水西岸建安西王府。至元十二年（西元 1275 年），馬可·波羅至京兆府城。至元十七年（西元 1280 年），忙哥剌死，世子阿難答襲封安西王。明太祖洪武二年（西元 1369 年），改奉元路為西安府。洪武三年，封朱樉為秦王。詔耿炳文、濮英重修西安城牆，在城東北營秦王府城。世宗嘉靖五年（西元 1526 年），陝西巡撫王藎重修西安城牆，在少陵原畔修杜公祠。天啟七年（西元 1627 年），德國傳教士湯若望來西安，蒐集地形、物產、氣候資料，確定經緯度。思宗崇禎九年（西元 1636 年），陝西巡撫孫傳庭在西安府城四關修建郭城。崇禎十六年（西元 1643 年），李自成入西安，改名長安，稱西京。崇禎十七年（西元 1644 年），李自成在西安稱王，國號大順，改元永昌。清世祖順治元年（西元 1645 年），李自成離開西安，多鐸率清軍入城，在咸寧縣東北築滿城。康熙四十三年（西元 1703 年），康熙出巡，抵達西安。乾隆二年（西元 1737 年），陝西巡撫崔紀行疏龍首、通濟二渠，導水入城壕。目前發現宋元遺存九處，明清遺存二十七處。

滻灞生態區的基礎設施日漸完善

宋代以來曾對灞橋進行過多次擴建和維修。宋元祐年間，曾拆毀唐碑三百餘通維修灞橋。元至元三年，劉斌集資重修灞橋，隋代所修灞橋遂廢而不用。清道光年間，又對元代灞橋進行擴建。

元代在此地修建了著名的「斡爾垛」。「斡爾垛」，蒙語「宮殿」之意。斡爾垛遺址俗稱達王殿，即元代安西王府遺址，位於西安城東北約三公里處，東距滻河二點五公里，南距秦孟街村約二百米。這裡為龍首原東去之餘脈，地勢高亢而平坦。元世祖於至元九年（西元 1272 年）封其第三子忙哥剌為安西王，命其控制西北與西南。至元十年（西元 1273 年）詔命京兆尹趙炳主持建安西王府。《馬可‧波羅遊記》中記述了安西王府的高大城垣宮殿的壯麗。這一建築沿用近百年，毀於元末。

明清時期關中的地位略有上升。明末李自成曾在灞橋兩岸與明軍激戰。清代同治年間，捻軍也曾在此與清軍作戰。戰爭和動亂在一定程度上制約了這一地區的發展。明清時期這一地區也有一些較為重要的文化遺存，東岳廟和八仙庵就是本區西部與宗教有關的名勝古蹟。

直到滻灞生態區成立，滻灞地區在歷史的河道中，又起波瀾。

絲路起點築新城 03章

說完了歷史，請允許我整理一下心情。我不厚古薄今，甚至有時候也會自我安慰，如果望春樓還在，灞橋依舊，滻灞的模樣又會怎樣！

　　然而正如眾多曾經繁榮的歷史名城，過度密集的人口，對自然無止境的掠奪，讓曾經天人合一的綠色長安漸漸褪去了驕人的顏色。

　　在唐以後的日子裡，都城地位的失落，讓西安曾經鮮活水靈的容顏在人們的記憶裡漸行漸遠，只累積成一層層厚重的歷史。「傳統、古老、純樸、黃土」成了西安在人們腦海中的刻板印象。

　　曾經浩浩湯湯的滻河與灞河也只剩下了兩條涓涓細流，在西安城邊嗚咽流淌，當年的美麗風光已然不再，昔日的「灞柳風雪」「蘆葦驚鴻」也芳蹤難尋。

　　隨著城市的發展和生態環境的惡化，滻灞河沿岸區域逐步淪為城市死角和

昔日被垃圾污染的河水（資料照片）

生態重災區，兩河河道日漸萎縮，污水橫流，垃圾成山，沙坑遍布成為兩河的真實寫照。

滻灞，這個中國歷史上曾經最具詩情畫意的地方，這幅曾經楊柳依依、水波浩淼的優美畫卷，如今已經是如此的破敗不堪。

十年前，滻灞生態區的開拓者們站在滻灞河交界處，看著綿延幾十里的垃圾山，污水橫流，荒草叢生，有的不僅僅是惋惜和失望，更看到了事業的宏大和責任的巨大。

這麼荒涼的地方！和以前看到聽到的開發區比，先天的不足，投資的巨大，工程的浩大，諸多的難題擺在滻灞管委會領導面前，同志們也在心裡納悶，作為西安的一個開發區，滻灞怎麼會是這個樣子？

沒錯，面對著千瘡百孔、嚴重毀容的滻灞兩河，建設一座新城，把滻灞從「生態重災區」建設成「生態強區」，重新改寫西安的城市版圖，這是一個大難題，但更成為新一代滻灞人的夢想與目標。

十年篳路藍縷、勇為人先，滻灞生態區在磨礪與探索中，在這塊一二九平方公里的區域上大步前行，以踐行者和開拓者的姿態，朝著「打造國際化管理團隊、建設現代化生態新城」的恢宏目標，遵循著天人和諧的軌跡，創造性地踐行「新城市主義」，譜寫了一首動聽的綠色奏鳴曲，奔走在中國生態經濟城市浪潮的潮頭。

奠基千秋基業

工業文明讓地球飛速轉動，也帶來了一些很難癒合的硬傷。在倫敦維多利亞和艾伯特博物館，我巧遇了鮑姆‧約翰，他喜歡狄更斯，喜歡莎士比亞，喜

歡神祕的東方文明。「在追求詩歌和歌劇之前，我們總要先健康幸福地活著。」他受夠了倫敦的大霧天氣，他開玩笑地說如果有可能他會找瓦特深入交談一次。

漣灞倒沒有倫敦那樣的工業文明痕跡，卻實實在在的從皇家園林變成垃圾場。老胡最有發言權，他一直就住在距離世園會園區五百米的村子裡，在這裡已經住了幾十年。在他眼裡的漣灞，到處都是沙坑、垃圾，曾經的景象真的是不堪入目，「每次偶爾走到沙坑處，都要將頭伸出去好遠，才能看到沙坑底部，真是非常可怕的事。後來沙坑都被各種各樣的建築垃圾、生活垃圾所填滿，直到堆成一座座垃圾山，周圍都臭不可聞……」

如老胡一樣看法的人很多。十年前，一提起漣灞，人們總會想起烏黑發臭的污水、蚊蠅肆虐的成山垃圾和猶如疥癬般遍布河床的挖沙坑。

比老胡年輕幾歲的劉星曾因為這樣的漣灞致富，「以前我可是經常在這裡挖沙子的，一天可以挖好幾車出來呢。」的確，曾經的灞河中游段，每天都有五六十家沙石場的抽沙機和幾百輛轟鳴的挖掘機在不停地忙碌勞作，齊齊將鐵爪伸向河床，挖得河床面目全非。漣灞河由於河沙質地均勻，顆粒細潤，而被公認為最佳的建築用沙，可是這一定論，帶給漣灞河的卻是痛徹肺腑的災難，沿河挖沙濫採非常猖狂，漣灞河已經遍體鱗傷。

愈演愈烈的挖沙風，不僅使得漣灞河床嚴重下切達六米之深，而且河道裡「沙石山」星羅棋布，河堤處深沙壕到處都是，河床成為千瘡百孔的「險灘」。這些沙坑堵在河道裡，河水流經這裡的時候，就會被沙堆、沙壕阻流，清水變濁流，在突兀的「沙石山」和沙壕裡打轉、迴旋，地質災害隱患嚴重。上世紀九〇年代，就曾經因為挖沙而造成灞河橋跨塌、隴海鐵路中斷。

來到位於漣河岸邊灞橋區十里鋪街道辦的米家崖村，這裡再也見不到堆積如山的垃圾，也聞不到昔日刺鼻的味道，取而代之的則是鳥語花香。可是誰能想到，這裡曾經是新石器時代遺址，十年前還是西安的一個垃圾場，幾座垃圾山堆起來大約有幾十層樓房那麼高，如果要用大卡車來運這些垃圾，至少得拉

幾萬車。

正是由於長期的無序發展和多頭管理，直接導致滻灞河城市段成為了城市建設的盲區，也成為城市垃圾的堆放地。據滻灞生態區當時的調查，在滻河和灞河兩岸曾有十餘處的河段垃圾成山，垃圾堆放量竟高達五百萬立方米，直接導致原本寬敞、乾淨的河道被垃圾壓縮到只有五六米寬，不僅嚴重污染了河流的水質，也對周邊居民的身心健康構成了嚴重威脅。

近代以來，滻灞河就面臨著嚴重的河流污染，滻灞河東西兩岸的紡織城和軍工城的生產和生活污水也是直接排入滻灞河，使得滻河、灞河一年接納的污水量就有五千多萬噸，占了西安市污水排放量的六分之一。尤其是滻河，污染更為嚴重，僅沿岸工業污水排污口就超過了四十個，每天排入的污水有十萬

昔日因非法挖沙而殘破不堪的河道（資料照片）

噸，年排放量高達三千多萬噸，占據了滻河年徑流量的六分之一。「那時的水，臭死了，人一到跟前，蒼蠅能夠撲你一身」，北牛寺村婦女王小寧回想起過去的情景，十分感慨。

提起過去，老滻灞李建民也是直搖頭，他說：「在家裡吃飯，不敢掀門簾，要不蒼蠅能趴到碗邊」，還有更鬧心的，「給家裡打個井，倒是很快見水了，可是必須沉澱一下才敢喝，而且不用幾天，水壺底就有一層厚厚的水垢，你喝這水能放心嗎？」

面對著這樣千瘡百孔、破敗不堪的滻灞，想像著這裡曾經被李白和杜甫描繪的詩情畫意的勝景，不由讓人心痛，發展讓生態付出了代價，人禍讓人類自己遭孽。

然而傳統印象並非一成不變。如今，驅車在滻灞生態區，路暢景美的新區景象讓人心曠神怡，「灞上煙柳長堤」的詩意畫面撲面而來。成年柳樹黝黑的軀幹，新發柳枝裊娜的身姿，生態護堤的妊紫嫣紅，粉嫩嫩地開著的杏花，吐露著芳香的櫻花，嬌豔滿目的桃花，波光粼粼的浩淼水面，讓人似乎遊走於花的天堂。這裡的水和綠，異於園林式建設的生硬和堆砌，帶著濃濃郊野風貌，人在其間，更感自然的博大與生趣。

步入二十一世紀，生態文明和生態城市建設的浪潮在全球範圍興起，從征服自然、破壞自然到回歸自然、珍愛自然的新理念形成，保護地球就是保護我們自己已成人類的一項共識。二○○四年九月，歷經歲月塵封的滻灞河流域終於迎來了發展的春天。

二○○四年注定是西安建城史上一個非常重要的年分。

這一年，西安不僅發表了它的「白皮書」，即《西安城市發展白皮書》，提出了「國際化、市場化、人文化、生態化」的發展理念，也從此開始了「唐皇城復興」計劃。也是這一年，建國五十五年以來西安第四次城市總體規劃《西安2004—2020年城市規劃》的編制正式啟動，六百平方公里的規劃區和六百萬城市人口的宏大規劃，讓人們看到美麗西安的未來倩影。

綠色發展的滻灞生態區

如果從西元六世紀隋朝在西安建「大興城」開始算起，到當時的二〇〇四年，經過一千四百多年的建設，西安市的城市建成區是二〇七平方公里，城市人口大約為三百多萬。按照第四次修編的城市規劃，如果西安市城市增容要達到六百平方公里的規劃區和六百萬城市人口，意味著城市建成區要增長將近二倍，而人口增長將近一倍。這是一個「大西安」的概念。比起西安歷史上最輝煌的唐長安城八十四平方公里和一百萬人口，面積將增加八倍，人口將增加六倍。

也就是在這樣的背景下，西安市審時度勢，順應世界潮流，成立了滻灞生態區。剛掛牌的時候雖然它還不叫這個名字，而是叫了一個很長的、還有些繞口的名字──西安市滻灞河綜合治理開發建設管理委員會，但西安市政府對它的功能定位，首先是西安市的生態補償區，其次，它還承擔著拉大城市骨架、

疏散老城人口、推動西安快速邁向國際化快車道的重要職責。也就是說，它要通過對兩條河流流域的治理，為西安建成一個未來能夠容納五十五萬人口的新城區。

滻灞生態區北起渭河南岸，南抵繞城高速，西到西銅公路，東至西康鐵路，包括滻河、灞河兩河四岸的南北向帶狀區域，規劃面積是一百二十九平方公里，相當於西安老城區（古城牆以內城區）十一點九平方公里的十倍，也相當於西安已建成城區面積二百〇七平方公里的二分之一強。

除了可以用這些數字表達它的規模以外，更重要的意義還在於，它是體現西安「國際化、市場化、人文化、生態化」城市發展新理念的一座最具現代化意義的，人類二十一世紀的新城。

著名城市發展策劃人王志剛曾說過，西安需要一個能夠承載城市新戰略使命和夢想的新城，一座注重可持續發展、注重產業與城市化同步推進、注重人文精神的新城，而滻灞生態區生逢其時，將是「第三代新城」代表。

按照總體規劃，滻灞生態區的建設將分三期推進：一期重點建設包括滻河、灞河城市段綜合治理和以滻灞三角洲為核心的中心區，從二〇〇五年起大約用十年左右時間完成。二期重點建設「兩塬夾一川」的南區（杜陵塬、白鹿塬夾滻河川道地區），從二〇〇八年起到二〇一五年基本建成。三期重點建設繞城高速以北的北區和滻灞河沿河經濟帶。

滻灞生態區正是以「河流治理帶動區域發展，新區開發支撐生態建設」為發展思路，遠景目標是把滻灞生態區建設成為生態環境優美、人與自然高度和諧、「宜居宜創業」的西安第三代新城。新區重點發展物流、金融、旅遊、商貿、會展、文教等第三產業。生態、文化、現代是區域發展的三大特色。

與此前的以企業為中心的第一代新城、以產業為主體的第二代新城相比，第三代新城簡單地來說，就是以人為主體的城市，將人與自然的和諧、產業與人居的和諧作為城市建設的最高原則，把生態環境建設作為城市發展最核心的問題，是在「宜居宜創業」導向下的城市新中心，將是以「和諧發展」為指導

的「後工業城市」，以打造產業、居住、生態、文化四位一體的城市體系為目標。

滻灞生態區在建設的過程中，正是對城市本位認識有了理性的思考，在城市發展的最新理念上，建設了這座「大水大綠」的新城。

「西安的第一維是歷史，屬於過去。第二維是現代工業文明，屬於現在。而第三維是生態文明，意喻未來。」時任決策者王軍的一席話，滻灞生態區的生態事業讓西安的印象越來越有立體感。

看似只是一個機構的成立，但從此一切都有了魔術般的變化。滻灞生態區按照「生態優先、基礎設施優先、社會事業優先」的原則，圍繞著治河、治水建設生態文明，改善水質、涵養水源、創新堤防設計。生態環境治理成效顯著，城市建設初具規模。滻河的水清了，灞河的水多了，河裡的魚歡了，岸邊的人樂了……

我到滻灞的次數，也越來越多了。

抒寫綠色傳奇

如今站在滻灞河畔眺望四周，唯有感嘆滻灞開創者的偉大。「篳路藍縷，以啟山林」這句話原意是條件非常艱苦地去開闢山林，現在用以形容開創事業的不易。而滻灞生態區則是憑藉這種精神，通過不懈的努力，依託區域的優勢開創新的城市發展奇蹟。

在短短的幾年裡，用生態文化包裝城市形象，用文化力量支撐城市建設，以生態復興推動城市復興，將西安「山水之城」的生態內涵演繹到了極致。在某種意義上，它貢獻給城市的，不僅僅是生態環境質量以及地域經濟、人文價

滻灞生態區的春天

值的提升，更向世界敞開了一個綠色的懷抱，用綠色擁抱世界！

　　在初創階段，對於滻灞生態區而言，最急需解決的，既有如何建設生態化這個城市新區的實踐層面上的難題，還有什麼是生態化，為什麼要把滻灞建設成生態城市新區的理論層面的難題。直白來說，就是如何來確定滻灞生態區的發展思路、區域定位以及工作理念。

　　如果把當時的滻灞生態區看作是一張被塗抹得一塌糊塗的白紙的話，那麼它的畫師要考慮的已經不再是如何把它弄乾淨，而是要在上面畫什麼的問題，這樣才能找準切入點，選對突破口，打好第一槍。這對當初的主要負責人王軍和楊六齊而言，是很困惑的問題。

　　其實早在一九九七年在巴黎進行考察的時候，在高聳的埃菲爾鐵塔上，他們看著淹沒在綠海中的巴黎，就已經在記憶中打上了深深的綠色烙印。綠色發

展，生態化這些當時還沒有成為主流的發展形態，已經悄然在他們的思想深處生根發芽。他們強烈而又清晰地認識到滻灞的發展，必須堅持生態優先，必須堅持「生態為主，開發為輔」，用綠色的引擎來點燃金色的未來。

楊六齊這位拓荒最早的播種者，在滻灞生態區建設五年之後，說到這個問題的時候依舊滿面凝重。他認為「生態化，是沒有問題的，但是作為剛接手這個工作的人來說，如何來做這個生態化？到底要把滻灞做成什麼樣？那時幾乎所有人心裡還都沒有底。」

的確，雖然當時給滻灞生態區的定位是「新型城區、生態區、商務區、景觀區」，但是關於生態化、城市生態化、生態化城市建設這樣的理念，很多人還只是理解為栽樹、種草，沒有一個完全清晰的概念。

在西安這樣一個水資源缺乏的西部內陸城市，建設一個生態化城市新區，無成功經驗可借鑑，無現成的實施方案可遵循。「我們有了目的地，但是卻沒有導航儀和指南針，也沒有地圖可以看，只能自己『探索』，但是這個並不是沒有『路徑』可以選擇，而是選擇太多，特別是每一種『路徑』的選擇，都會出現不同的結果，這個選擇只能是唯一的，結果也是不可逆的。」正如楊六齊所說的那樣，選擇怎樣的發展模式，是擺在先行的滻灞建設者們面前最現實、最急需解決的頭等難題。

雖然有很大的難題要解決，但是在滻灞的領軍人物那裡，在滿懷著創建激情的滻灞建設者們那裡，從肩負起第三代新城建設重擔的那一刻起，他們就強烈地意識到，只有站在城市發展的高度上，用世界的眼光來看滻灞，來定位滻灞，規劃滻灞，才能不辱使命。

在他們既朦朧又清晰的潛意識裡，滻灞不是一個一般意義上的開發區，而是未來新西安的城中心，是現代新西安的代表，只有把滻灞新區的建設提升到打造第三代生態新城的品味，吸收人類城市建設最新理念，建設中國一流城市新區，打造全國新城建設的範式，才能把滻灞建設成一座百年不落伍、千年受推崇的新城，才能不枉此行。而這需要的不僅僅是膽識、毅力，還要有大謀

略，大智慧。

　　於是，在建設伊始，建設者們組織力量深入開展區域狀況調查。在總結各地開發區和新區建設經驗教訓的基礎上，確立了「謀定而後動」的工作思路。並且借用外腦，先後聘請著名經濟學家、知名專家以及戰略研究策劃機構，對滻灞生態區未來的功能定位、遠景目標、發展模式、開發思路、產業特色都作出前瞻性、統籌性的戰略研究和規劃設計。

　　經過詳細調研和分析，終於找到了適宜的發展路子：先治理後建設開發，河流治理帶動區域發展，新區開發支撐生態建設⋯⋯

　　他們是這樣想的也是這樣做的，建設者們先從治理三大生態災害著手。

滻灞生態區用科學的治水理念和不懈的努力，成為西部生態文明建設的標竿

「師法自然」，生態治污。滻灞生態區從河流治理、生態重建到區域全面建設，其核心理念是「師法自然」，即遵循歷史遺留下的生態基礎、環境體系和河流格局，在恢復與再現的基礎上豐富其內涵。滻灞實施了碧水工程，十七公里的截污管道將污水導入第三污水處理廠；雁鳴湖千畝湖泊濕地，樹立非人工淨化治污模式；污水資源化示範工程，利用現代生物技術，變污水為資源水，實現治理效益化……

　　人棄我用，變廢為寶。在處理垃圾問題上，採用現代技術進行防污處理，再聚之成山，覆土其上，廣植桃花，使曾經的垃圾場幻化為「桃花島」，又辟水而入，形成「桃花潭」，不但有效解決了垃圾問題，更形成桃花潭水深千

尺、滻灞風光滻灞情的別樣風光。

循形順勢，科學治沙。滻灞河管委會成立後第一件大事便是治理沙患。短短數月，四十多家非法採沙廠被取締，西安一時「灞河沙貴」。廣運潭生態景區項目上馬後，因地制宜，對採沙形成的沙坑進行整形，取坑為湖、取陸做洲，引灞河之水注之，遂湖中有島、島洲相連，洲內有潭、積潭成淵。

滻灞生態區將滻河、灞河流域的治理作為最大的特色，以生態治理為基礎，按照「生態優先、基礎設施優先、民生優先」的原則，圍繞著治河、治水，改善水質、涵養水源、創新堤防設計、建設生態文明。

緊隨其後的是一系列大手筆的運作，桃花潭景觀區工程、雁塔段千畝湖泊濕地、滻河碧水工程、廣運潭生態工程、灞河入渭萬畝濕地工程等五大生態工程先後實施。而二〇一一西安世園會更是讓全世界震驚──地處西部的北方城

昔日桃花潭景區舊址

今日環境優美的桃花潭景區

市經過幾年的努力，營造出了一個生態之城、自然與城市和諧共生之城。緊接著二〇一二年二月分啟動的滻灞國家濕地公園又成為西安生態建設的鴻篇巨制。

　　建設國際化大都市不是謀求一般常規性的城市發展，不能僅走擴大經濟規模和增強經濟實力的傳統城市發展道路，而是要根據戰略定位和發展路徑實行全面的城市轉型。中國的城市建設歷經三十餘年的迅猛發展後，城市生態越來越受到重視，生態已成為城市幸福感、綜合實力的重要指標。

　　在過去的建設歷程中，滻灞生態區從「建設西部第一水城」，逐步轉變為建設「國際化、現代化、人文化、生態化」城市新區；從「治水」「植綠」，走向區域生態重建，走向完善城市功能、促進城市和諧發展，走向嘗試和實踐生態文明建設。隨著區域生態承載能力的大幅提升，滻灞生態區已經成為西安國際化大都市建設的重要生態涵養和補償區。

生態化的滻灞樂章

　　二〇一三年五月，一位作家朋友去北京參加了一個筆會，會議間歇，一幫人談起了毛烏素的治沙情況。據與會的朋友介紹，現在的毛烏素沙漠裡偷魚賊橫行，當地政府甚至專門組織了護漁隊。對於西北內陸來說，這是多麼奢侈的一件事。聽起來，這是毛烏素生態改變的真實故事，其實，距離毛烏素不遠，西安滻灞的變化更值得一看。

　　如今，「生態園林城市」成為西安市新的建設目標，因「大水大綠」而常常被西安市民掛在嘴邊的滻灞生態區再一次走在了隊伍前列。

　　西安的生態是需要「復興」的。歷史告訴我們：城市文明衰落的背後，往往是對生態的破壞。千年前繁華的廣運潭，其興衰見證了唐朝的興衰，因此，西安走向國際化大都市必須恢復生態。

　　「生態化是滻灞生態區不同於其他區域發展的核心競爭力。滻灞生態區是西北首家國家級生態區，只有在生態建設方面獨樹一幟，其先進性、競爭力才會持續保持，區域價值相應增加。」楊六齊一直在強調生態化的重要性。

　　二〇一一年，花香滿園、炫彩奪目。西安世界園藝博覽會成功舉辦，迎來了五湖四海的遊客，也徹底改變了他們對西安的印象。這不僅僅是一座古城，也是一座富有生機和活力的新城。

　　世園會把西安從一個城牆環繞的內陸城市，帶入了大河穿境的水上城市。夏季的傍晚，徜徉於河邊，從習習涼風中可呼吸到水的滋潤，沒有市區中的污染與喧囂，有種人間天堂的自豪。

　　世園會的舉辦，讓滻灞生態區成為最具「光環」的開發區，在這片黃土地

上創造了一個奇蹟，令「天人長安，創意自然，城市與自然和諧共生」之曲唱響世界，讓一千萬名中外遊客在滿目青翠、盈耳鳥鳴中領略了西安的山水之美，千年長安重回世界舞臺中央。

在世園會圓滿結束後，這裡更進一步建成了國內唯一一個免費向公眾開放的 4A 級景區——西安世博園。隨著後世園效應的持續凸顯，生態區先後獲得「亞洲都市景觀獎」「全球城市綠色發展傑出貢獻獎」「全球最佳綠色創意獎」「全球城市最佳綠色變革經典案例獎」等殊榮。這讓西安市規劃委員會總規劃師、著名規劃大師韓驥也深感欣慰，滻灞生態區的可持續發展的城市理念，促進了城市精神的延續，激發了城市持續發展的活力，提升了城市的綜合價值。

繼世園會之後，滻灞國家濕地公園是目前滻灞生態區打造的又一個生態「鴻篇巨製」。

天水之間飛翔著的一群群鷗鷺、天鵝，煙波浩渺的蘆葦叢中不時傳來嘎嘎的野鴨叫聲，還有不知道名字的水鳥躲在蘆花下緩緩游弋，成群的魚兒在清澈

西安世博園自然館

的水裡若隱若現，這裡就是被讚譽為「心靈的棲息地，生命的讚美詩」的西安
滻灞國家濕地公園。

如果把森林比作地球的肺，那麼分布於全球的濕地就是地球的腎。西安滻
灞國家濕地公園就是西安的生態之腎。地處西安東北部灞河入渭口三角洲區域
的西安滻灞國家濕地公園，總面積五點八一平方公里，由原生態濕地公園、親
水休閒樂園、綠動灞水運動公園、灞橋柳河展示園和百花千樹植物園組成。

作為西北地區首批列入國家濕地公園項目之一的西安滻灞國家濕地公園，
從二〇〇八年開始建設，於二〇一四年四月二十八日正式開園，荷葉田田、蜻
蜓飛舞的荷塘濕地，竹影搖曳、蛙鳴陣陣的池塘濕地，土壤濕潤、水泊點點的
島嶼沼澤濕地，沙柏蔥蘢、生機勃勃的沙灣濕地，樹豐草茂、土地肥沃的旱溝
濕地，溪流淙淙、柳葉漂游的溪澗濕地，還有農田果園相伴、小路水渠相接的
村落濕地，七大濕地類型，一片接一片，彷彿大自然編織出的水網。

西安滻灞國家濕地公園入口景觀

灞橋垂柳曾經是有名的「關中八景」之一，但是，隨著生態的惡化，曾經的美景不再。為了恢復這一盛景，滻灞國家濕地公園建設了面積約為七點七畝的柳園飛雪區，十四種二萬棵柳樹再現了「灞柳風雪」的壯景。

「河面清澈寬闊，白鷺翩翩起舞，綠地一望無際。太美了！誰能想到這裡在多年之前是一片亂沙坑和垃圾灘，和現在比簡直就是天壤之別！」從小就在滻灞的村子里長大的陳武，自從工作之後都住在高新區，很少再回到滻灞來，做夢也沒有想到他的滻灞會變成現在的模樣。

走在濕地公園無論從哪個角度看，都能看到廣袤的天空、自由飛翔的鳥群、隨風吹擺的草木、清澈的湖水這樣一幅優美的「畫卷」，尤其是那一片蕩漾在風中的蘆葦特別吸人眼球，輕柔的風姿彷彿能掃盡一切悶熱。

「在濕地公園引入灞河水入水口處的那片蘆葦，以及其他水生植物，除了看起來美麗，還可以降解污染，淨化水質。」滻灞國家濕地公園的一位專家則從生態方面給我作了科學解答。

他說，濕地的水取自灞河，經過取水口、沉沙池、功能濕地、水生植物自然降解、退水口這樣層層淨化後，又回到灞河裡去，日引水量近八萬立方米，是名副其實的「灞河腎」。濕地公園強化生態涵養功能，在一定程度上詮釋了「八水潤西安」戰略對「潤」的定義和要求。同時，由於公園地處西安市上風口，濕地水汽蒸發，對全市的氣候能起到濕潤的作用，被稱為「灞河腎」的滻灞國家濕地公園建設的真正意義，體現在「一江清流送渭河，一縷清風送西安」。

讓世界重新認識西安

發展紅利，人口紅利，在滻灞生態區提及更多的，是生態紅利。一位西安

歐亞經濟論壇永久會址

市環保局專家給我提供了一組數據，滻灞生態區的負氧離子含量是城區的數倍，換句話說，也就是滻灞的環境質量比西安市主城區好數倍。我曾經跟很要好的朋友開玩笑說，「哪天，我帶你去做件最奢侈的事，就是去滻灞呼吸新鮮空氣。」

　　生態環境也是生產力。經過十年發展，西安滻灞生態區憑藉良好的生態治理成果，受到外界矚目，其生態價值也步入兌現期。隨著基礎設施逐漸完善，滻灞以金融服務為核心，以旅遊休閒、會議會展等為支撐的現代產業體系也開始顯山露水。西安金融商務區、商貿園區、滻灞濕地園區、總部經濟區、雁鳴湖園區、世園園區的建設，生態建設的邊際效應在發酵放大。

　　更重要的是，隨著「絲綢之路經濟帶」建設熱潮的湧動，西安滻灞生態區亦成為西安絲綢之路經濟帶建設的重要支撐。譬如，西安金融商務區、西安領事館區等重點項目建設早已啟動。

　　對於滻灞生態區而言，在絲綢之路經濟帶建設過程中，有著諸多的先天優勢。

　　作為上海合作組織重要會議——歐亞經濟論壇的永久會址亦落戶滻灞生態

區。每兩年舉辦一次的歐亞經濟論壇，已然成為東西方經濟文化交流的重要平臺。來自七十五個國家和地區的政要、各界人士聚首歐亞經濟論壇永久會址——西安滻灞生態區時，滻灞，這個盛唐時匯通天下的水運碼頭——廣運潭所在地，再一次在通聯歐亞各國、促進區域繁榮方面發揮重要作用，世界的目光也再一次在這裡聚焦。

事實上，與絲綢之路經濟帶建設相關聯的重大項目，還有西安領事館區項目。作為西安市對外開放重要舉措的西安領事館區，被賦予了各種想像！

作為西安市東北部的國際化窗口，西安領事館區及周邊區域的規劃設計定位為「田園城市，立體公園」，綜合解決經濟、交通、能源和自然環境之間的協調問題，打造為創新型、開發性的「國家綠色生態示範城區」中的「示範區」。西安領事館區項目的建成，將極大助推絲綢之路經濟帶的建設。

上海外灘的金融區，是樓看樓；到西安金融商務區，則是樓看花，是隔著灞河俯瞰整個世園會會址。二〇一〇年一月，滻灞金融商務區正式命名為西安

西安領事館區效果圖

絲路起點築新城｜03章　089

蘇陝國際金融中心

金融商務區，這一變化賦予滻灞生態區發展的「金色引擎」。

西安金融商務核心區東臨灞河、西接滻水，規劃面積十四點五六平方公里，與西安世博園隔灞河相望。其為西安國際大都市的金融核心區，關中——天水經濟區金融服務支持基地，中國西部區域金融創新實驗區，必將隨著西安城市化的發展，發揮出巨大的經濟作用。

對西安金融商務區在絲綢之路經濟帶建設中的作用，陝西亦有明確定位。二〇一三年十一月，陝西省委書記趙正永在「加快絲綢之路經濟帶新起點建設座談會」上的講話中指出：圍繞「政策溝通、道路聯通、貿易暢通、貨幣流通、民心相通」的五通要求，紮實做好十件事，「加快建設面向中亞、服務西部的區域性金融中心」。

作為省市打造西部重要金融中心的具體承載，西安金融商務區已初具規模。未來的西安金融商務區將作為西安國際大都市的金融核心區，在西部經濟發展中發揮核心作用，進而成為西部經濟與金融發展的增長極、國際性金融機構區域總部的首選地，為中外各國提供先進、完備、高效的金融服務。

生態與財富是孿生姐妹，隨著滻灞生態區的巨大改變，國內外的投資商也聞聲而來。

發展總部經濟是提升城市品位、推進產業升級的有效途徑。位於生態區核心地段的滻灞總部經濟區，已吸引國家西北荒漠沙化監測與培訓中心、陝西省水利電力勘測設計研究院等多家國內大型科研設計院建成總部科研基地，國內外知名企業麥德龍、迪卡儂、新豐泰汽車 4S 店、聯合國教科文組織兒童國際夏令營永久營地、華海酒店，以及西部首家數字出版集團等多家優質企業和組織的進入，使滻灞總部經濟園區成為陝西省唯一應邀加入「中國總部經濟發展先行區戰略聯盟」的代表。

新加坡盛邦、香港恆基兆業、恆大地產、香港中新、深圳振業、上海綠地等國內外知名企業紛紛落戶；香江國際財富中心、蘇陝金融中心，以及包含奔馳、凱迪拉克、進口大眾等十多個汽車品牌在內的汽車主題公園等項目先後開

工建設；國家林業局西北設計院、省水利電力勘測設計院等科研院所紛紛簽約進駐，滻灞生態區正在煥發出前所未有的青春活力。

在生態文明建設這一發展路徑指引下，西安滻灞生態區經過十年的努力，開創了一條生態治理與城市建設的共贏之路，成為西安最具發展活力的區域和創業投資的首選之地。

預計到二〇二〇年，滻灞生態區將基本建成擁有人口五十五萬，集生態、會展、商務、休閒、文化、居住等功能於一體的新城區，成為產業發展與城市化同步推進、注重人文精神與自然和諧的生態水城、商務金城、宜居福城──成為「人與自然和諧、產業與人居和諧」的第三代新城！

水城生香 04章

華夏故都、山水之城……西安，千年古都正煥發新姿。

近年來，幸福的西安人坐擁如城牆般厚重的歷史文化文明的同時，也擁有著清流浩浩、白鷺翩翩的江南水鄉風情，萬畝水域和萬畝綠地蜿蜒曲折，柳風長堤、鏡湖帆影的歷史景觀重現眼前……這一切得益於西安城市東北部崛起的滻灞生態區。

而良好的生態環境和完善的基礎設施，為滻灞生態區發展產業奠定了堅實基礎。滻灞生態區迎來了實現生態價值和產業價值的黃金期。

天人合一　山水之城

西安建水城，似乎有點兩河文明時巴比倫空中花園的感覺。對於西北內陸城市來說，縱然歷史上有很多漕運和水運的先例，但是因水成市，好像過於大膽。

「滻灞沒有可以遵循的先例，直到現在，我們都是在科學發展的規劃下工作。」說這話的時候，管委會主任門軒還是那麼自信。

在西安滻灞生態區過往十年中，西安方面希望在滻灞生態區所屬的區域內，找到並實踐區域生態重建投入與城市價值產出之間的盈利空間，進而完成一個新城區的打造。基於此，滻灞提出的發展思路是「河流治理帶動區域發展，新區開發支撐生態建設」。

這當然是一個美妙的思路設計。十年前，生態、環保、綠色等發展理念尚未如今日一樣被普遍納入到城市發展規劃中，而且，縱然是在今天，更多的城市發展現實表明，規劃理念和現實決策之間還是有很大距離。

十年間，滻灞生態區在滻河和灞河河道和流域治理的基礎上，以發展現代

服務業為定位，開拓了會展經濟、賽事經濟，如今又在打造總部經濟和金融商務區，再次走上了轉型之路。

在這整個過程中，滻灞生態區的決策者都在等待一個等式的節點的到來和一個不等式的延續、成長。所謂等式的節點，是指這一地區的產出終於和投入扯平；所謂不等式，就是持續的產出大於投入的時期，滻灞生態區開始進入城市成長和發展的回報期。

這是一度讓滻灞生態的建設者有些焦慮的等待過程，也是一個探索與思考的過程——拋卻口號化的政績觀表述，城市生態治理投入真的能夠實踐出經濟合理性的可能嗎？尤其是在區域和城市經濟發展時常面臨宏觀經濟週期以及國家的宏觀調控週期的影響的情況下。

二〇一〇年十月十七日，在國家環保部組織的國家生態區考核驗收中，滻灞區生態區順利通過，成為中西部地區率先晉級國家級的城市生態區。時間和

滻灞生態區灞河河道景觀

結果讓滻灞生態區用十年的發展，回應了學界、業界乃至政界幾乎遍布的憂慮和質疑的聲音。

在現代西安市的城市發展中，滻河和灞河長期以來處於城市邊緣地帶，加上河水污染嚴重、徑流量劇減，不僅昔日風光不再，而且兩條河水原本所具有的生態功能也已基本喪失。

進入新世紀以後，隨著西安中心城市的擴容和第四次城市規劃修編，滻灞河城市段已成為西安中心城區的重要組成部分。

二〇〇四年九月九日，西安市滻灞河綜合治理開發建設管理委員會掛牌成立，並由當時西安市委常委王軍擔任管委會黨組書記和主任。

「管委會剛成立的時候，王軍書記提出要把滻灞生態區打造成『西部第一水城』。所以當時我們作規劃，生態幾乎就是唯一目標。」上海同濟城市規劃

灞河 2 號碼頭

設計研究院總工程師李毅對西安市的規劃瞭如指掌。

實際上，生態治理也可說是西安市最初設立滻灞管委會的一個最主要目標。

「在去年之前你可以感覺到滻灞在產業方面的發展相對比較慢，因為生態一直是這個區發展的重點。但經過努力建設，生態治理基礎上的滻灞已經迸發出產業的活力。」曾任西安市發改委副主任的惠應吉也持同樣的觀點。

「但問題是，生態治理必須要有大量經濟投入，否則治理成果甚至很難維繫。而且，如此大的一片區域內，不可能僅有水和綠，否則就不成其為城。當初確實有過這樣的建議，就是把滻灞這個地區完全作為一個生態區，不再進行經濟開發。」

後來的發展現實表明，滻灞區並沒有採納這樣的建議。當初滻灞進行生態治理投入了大量資金，而這些投入都在等待著能夠有所回報。對於因需要治理滻河和灞河而成立的管委會而言，最開始的時候可以說是白手起家。當時，除了公務保障方面的一些經費之外，他們所需要的治理資金只能來自於自己的創造和眼前這片尚顯得荒蕪的土地。

不過有些生不逢時的是，滻灞區在成立的時候趕上了一波政策「寒流」。當時，國家對開發區進行政策調整，由支持鼓勵轉為清理整頓。同時，土地政策和金融政策也呈現緊縮趨勢。

最終，國家開發銀行向滻灞區管委會拋來了橄欖枝，貸款十五億元人民幣用於滻灞區的河流治理。這筆錢，可以說是滻灞進行生態治理的啟動資金。

關於這筆啟動資金，滻灞區內還流傳著一個故事。當時的國家開發銀行行長陳元因為一次偶然的機會來到滻灞區，面對那時的滻灞，陳元出人意料地感慨道，滻灞是西安保留給全人類的一個禮物，不能就這麼荒廢掉。

這個故事聽上去多少有些傳奇色彩。但無論怎樣，這筆來自銀行的貸款為滻灞的生態治理投入打破了困局。

隨著河水逐漸變清、沙坑逐漸減少，滻灞區的生態景觀日漸成型，而且道

路交通和管網線路等基礎設施逐步完善，滻灞區的魅力開始逐步顯現出來。

事實上，儘管滻灞的土地在不斷升值，但最初規劃中一半土地用於綠地的基準線仍未改變。從這個意義上講，滻灞區現有的土地所能夠容納的企業和人口數量是有一個承載範圍的。

最初，西安市的決策者至少是在西安市城市發展轉型中所面臨的兩個困境下作出這種選擇的。其一，為了保護西安古城，必須要在古城牆以外的區域找到能夠承接古城內人口轉移的地方；其二，包括滻、灞河在內的西安市城市水系已經到了不得不治理的地步。兩者之間又密切相關。

伴隨城鎮化的快速推進，城市發展需要更為廣闊的空間。西安市向北、向東發展的態勢已定，從某種意義上說滻灞區的生態治理是不得已而為之。按照西安城市總體規劃和西安「十一五」發展規劃，滻灞生態區肩負三大任務：一是生態重建，修復滻灞的生態環境，成為西安的生態補償區；二是滿足疏散老城人口和城市擴容的需要，建設一個宜居新城；三是發展現代服務業，完善西安城市功能，提高西安綜合承載力，建設一個宜創業的新城。

十年過去了，滻灞生態區成為西安市生態補償區的目標基本實現。

滻灞區建成河道一級堤防近五十公里、橡膠壩四座、親水城市廣場十八個，擁有水面一萬二千多畝、綠化七千多畝、林地二萬九千畝；建成道路近百公里、跨河橋梁四座，同步修建雨污水、電力、電訊等各類管線三百多公里。作為滻灞生態區發展的參與者、見證者，副主任成斌如數家珍。

二〇〇九年四月，西安市政府審議並通過了《滻灞生態區國家生態區建設規劃》，滻灞生態區成為全國第一個以開發區性質開展創建國家生態區建設的區域，也成為中西部首個開展國家生態區建設的區域。

按照滻灞生態區建設規劃，滻灞的發展必須依靠現代服務業，將其打造成為現代服務業新高地——以生態經濟、總部經濟、休閒經濟及循環經濟為特色，重點發展金融、旅遊、會展、商貿、物流、文化創意、服務外包、科技研發、教育、房地產以及體育等產業。

與上述產業範圍對應，滻灞生態區規劃設計了六大板塊園區——金融商務區、商貿園區、濕地園區、總部經濟園區、雁鳴湖園區、世園園區。

　　目前，西安金融商務區建設已啟動，並引進中國銀行全球客服中心、陝西環境權交易所、陝西省保險監督管理局等項目；同時啟動低碳產業技術園區項目，打造以研發、設計、展示和售後服務為核心的腦部型低碳技術服務基地。

　　二〇一〇年十月十七日，陝西出版集團數字出版基地項目落戶滻灞區。該項目是生態區文化創意產業發展的標誌性項目，總體投資約二十點五二億元，預計全面運營後項目年產值約一百億元，年利稅額約二點五億元。建成後，將成為繼上海張江、重慶北部新區、浙江杭州、湖南長沙之後的第五個國家級數字出版基地。

　　在滻灞生態區的官員言談中，有一句話常常被提起：「生態治理一分投入，十分產出；生態開發一分破壞，十分報復。」

　　「二〇〇四年，我們把『生態區』建設作為目標，但沒有現成的模式可循。經過十年的研究探索，一個生態城市的雛形已經出現，但離真正意義上的生態城市還有不少距離，只是打下了比較好的基礎。未來幾年滻灞生態區將從

城在水中的詩意棲居地

生態修復和基礎設施建設轉變為構建產業發展，培養優勢產業，加快城市新區的綜合發展階段。」在門軒看來，滻灞生態區發展到第十年的時候，區域產業將實現增值，區域經濟將擺脫對銀行貸款和土地財政的依賴，生態資源的投入到了即將兌現成為經濟效益的時候。

水生財，利萬物而不爭。滻灞的發展早被精明的商人發現。目前已有新加坡盛邦新業、香港恆基兆業、恆大地產、香港中新、深圳振業、上海綠地等國內外知名地產企業相繼落戶滻灞。

說到投資滻灞，盛恆地產總經理曹峰深有感受：「二〇〇八年時，滻灞房價三千元／平方米，但是沒有人問津。如今六百多套均價六千元／平方米的房子，被一搶而空。」

而今，他和他的房地產夥伴們正在滻灞河沿岸打造低密度景觀房，水元素也開始滲透到房產設計理念之中。一些房地產項目已開始使用中水進行綠化、

灞河遠眺

道路清洗、揚塵控制和景觀補水。

　　幾十年的污水渠重現清流，灞河成為市民休閒勝地，滻灞生態區已被市民公認為是西安市人居環境最好、最有發展潛力的區域之一。綠色的生態、優美的環境、壯觀的河景、清新的空氣，兼具的商業、文化氛圍，更使得廣大市民對滻灞產生了濃濃的愛慕。

　　滻灞生態區已是西安新的城市之窗。它以博人眼球的生態、景觀、旅游、經濟定位，倡導「城市綠肺」「水岸生活」。二〇一一年世界園藝博覽會營造出了以多種植物為主體的自然景觀，構建出世界化的園林建築背景，彰顯了西安歷史文化和滻灞地域特色的韻味，集中展示了人與自然的相互融合。

　　從西安市的城市屬性來看，「缺水」「少綠」「空氣差」無疑是城市的硬傷，因此，廣大市民對於河居生活總是充滿了無限嚮往，滻灞的優勢就在於「多處河景」「綠色生態」「空氣清新」，天藍水闊無疑為滻灞注入了獨一無二的元素。

水是文明誕生的搖籃，也是文明存續的命脈。對於西安而言，城市的發源、勃興、輝煌，水都在其中起著不可估量的重要作用。

十年實踐，滻灞生態區在河流治理和生態文明建設方面取得了顯著成果，成為全國第一個以「生態」命名的開發區，西北首個「國家級生態區」、西北首個「國家水生態系統保護與修復示範區」和全國唯一一個以「開發區」之姿入圍的「全國生態文明建設試點區」。

在桃花潭景區，沿著小島緩緩前進中，碰到了來遊玩的楊先生一家人，他們正在爭相拍照中，「現在滻灞變化太大咧，不光環境變好了，還建了免費公園，我們住在這附近，沒事兒來吹吹風，看看景。」然而，誰也無法想像，如此優美的生態型景區幾年前還是一處堆積垃圾達二百萬立方米的傾倒場。

桃花潭景區位於滻灞大道和華清路之間的滻河段，占地面積一五一六畝，水域面積六〇八畝，景區通過塑造自然島嶼，恢復河道生態系統，形成了以滻河河道為軸、東西兩岸的景觀帶。景區的設計和景點命名都頗有浪漫氣息，比如，由南至北的三座橋梁，其中，樂山橋可向南看到終南山，取仁者樂山之意；凌波橋波浪起伏，漫步其中能感受河水波濤洶湧之勢；樂水橋可遠眺灞河，取智者樂水之意。另外，如燕子洲、荷塘錦鯉、春嶼芳菲、柳溪棧橋等景點，也都別具韻味，能讓人融情於景。

在滻灞生態區，因生態治理而打造出來的生態型景區遠不止這一個。以滻河為例，由於河道兩邊的縱深有限，滻灞生態區因地制宜，在滻河上游、中游、下游分別打造雁鳴湖、桃花潭、滻灞國家濕地公園等景區，並串珠成線，不斷豐富河流應有的自然生態環境和人文景觀。

這其中，有將垃圾分類處理後就地堆山挖湖建成五湖相連人工湖泊，再在河道灘塗地種植重建植物群落形成的雁鳴湖濕地景區；也有通過治理挖沙氾濫現象，形成具有生物群落恢復、污水生物處理、自然水面恢復等多項生態功能的西安滻灞國家濕地公園。

無論是滻河、灞河還是雁鳴湖，都同時擁有稀缺的景觀資源優勢。滻灞兩

河的天然水域，二萬畝國際級濕地公園，五公里中央內河景觀，集濱河大道、城市景觀、水面濕地與綠化景觀為一體的生態景觀廊道等稀缺資源的融合，都最大限度地滿足了人們對自然生活的追求。

夏天的城市，到處都是熱浪，而在西安滻灞國家濕地公園，即使在午後都能感受到一絲絲涼爽。公園裡景色優美，可以近距離接觸孔雀、鴨子等禽類，使人有回歸大自然的感覺。

人與自然如此和諧共生，鳥語花香、珍禽異獸相映成趣。百分之四十以上的城市綠地率，百分之二十以上的森林覆蓋率，百分之十的區域水系濕地覆蓋率，滻灞生態區為所有人準備了一場生態盛宴，是西安當之無愧的「城市綠肺」。

隨著生態區環境的日益改善，大面積的林地、濕地和水面景觀的形成，為鳥類提供了良好的生存環境，維護了鳥類家園的安全，保護和擴大了鳥類棲息地，使許多珍稀鳥類種群數量穩步增長，生物多樣性不斷恢復。西安市民欣喜地發現越來越多的鳥兒在靠近城市中心區的綠地、樹林安家。不久前，數十年未曾見到的東方白鸛也在滻灞生態區被再次發現，白天鵝、火烈鳥等珍禽在區內相映成趣。目前，滻灞生態區內生活著近二百種不同的鳥類。

漁歌唱晚的景觀畫卷，碧柳如煙的生態新城，花滿長安的世園承諾，城在水中、水在城中的悠然景象。「大美」滻灞已是毋庸置疑！

十年間，滻灞生態區通過滻灞河流域生態重建，率先推進生態文明建設，探索如何在產業與生態環境之間形成良性互動；通過以生態定位的城市新區建設，探索如何破解城市化發展瓶頸，形成城市生態效益和經濟效益的「雙循環」。

此前，歐亞經濟論壇、F1 摩托艇比賽、二〇一一世界園藝博覽會等諸多外事活動皆因生態而被主辦方引入到滻灞區。藉助國際之名賽事活動，滻灞甚至西安市正在被越來越多的投資者、旅遊者和創業者關注。這其中也包括投資在外的陝西人，有相當一部分投資者由外地撤資重回故里。

　　這也被滻灞區的官員形容為，滻灞生態區的生態治理的投入所獲得的收益已經遠遠超越經濟效益的範疇。

多業並舉　生態先行

　　城市，終歸是人的城市。

　　城市的終極目標是讓人民安居樂業。而滻灞，也在朝這個目標紮實前進。

　　從「生態重災區」崛起成為「城市新區」後，如何有效吸引優質項目，從而推動跨越發展？優越的發展環境是關鍵所在。在「生態優先、基礎先行」的建設原則下，滻灞生態區不斷加大基礎設施建設力度，進一步拉大城市骨架，

新區輪廓基本形成，城市功能日趨完善。

　　長河綠水、藍天白雲是滻灞生態區的秀麗景色，可以前這裡的風景再美也沒有人關心，環境再好也不能產生經濟價值，因為沒有路的滻灞生態區就像一幅無法被欣賞的風景畫。

　　如今隨著一條條大道的延伸，這裡的生態優勢正在迅速地展現，水與綠的生態價值正在成為巨大的經濟價值。道路建設使生態區融入西安大都市。

　　沒有開發前的滻灞河區域，除了種莊稼用的生產路，這裡基本沒有什麼主幹道。自滻灞生態區成立以來，已累計投資近百億元，建成道路一百二十餘公里、橋梁五座，灞河東路、東湖路、滻河西岸濱河路等主幹道相繼建成通車，並先後打通了通往東二環、十里鋪、灞橋鎮、東三環、杏園、新築等十個主出入口，實現了生態區與西安主城區的全面對接。

　　作為生態區，滻灞的路不是給「風景畫」生硬的畫橫豎線，它是順應著地

園區小路

勢，為風景勾邊添彩。滻灞生態區在道路建設上不僅僅考慮道路的實用功能，而且考慮了人文關懷和生態化的理念，不僅讓人們在道路上往來通暢，而且能留下美好的印象。

滻灞生態區的領導介紹，滻灞生態區的道路有三個特點：一是以曲為美，追求自然。具體來說，就是在平面上相互交錯，在高程上高低錯落，形成一個富於變幻的、自然的、生態的道路形態。二是堤路結合，節約用地。三是道路景觀化。道路兩旁的綠化面積很大，要按設想形成一個路成網、水成系、綠成林的道路交通格局。

今天的滻灞生態區正在加大區內的道路建設，提升城市交通布局。踏入生態區，無論是滻灞大道、北辰大道，還是滻河沿岸的滻河西路、世博大道……均可謂路路通暢，少有市內交通擁塞。

而且西安滻灞生態區作為橫跨南北兩翼的城市開發區，在地鐵時代將有1、2、3、5、6號等五條線路穿越而過，加之區內已經擁有的龐大公路、鐵路等交通網絡，滻灞生態區已經搭起一張立體化綜合交通的發展骨架。

地鐵延伸到哪裡，生活的空間就延伸到哪裡，繁華的都市生活就延伸到哪裡。地鐵在拉大城市空間、縮短區域時間距離的同時，也在悄悄帶動一個區域的繁榮和火熱。目前，滻灞生態區正醞釀打造城市宜居、低碳的五分鐘生活圈，讓低碳、環保的生活方式成為滻灞居民消費的主流。

在滻灞區域內的地鐵沿線，眾多國內外知名的商業連鎖巨頭早已布局完畢，等待商機來臨。麥德龍、海航集團等已於去年達成入駐協議。海航集團目前提供「吃、住、行、游、購、娛」全方位、一體化服務，其旗下西安民生集團也將在滻灞商貿園區投資建設大型購物中心，完善區域的城市商業配套。

「這一片，還有這一片，原來都是荒河灘，到處是垃圾堆……」順著劉亞茹手指的方向，河面上碧波蕩漾、水鳥翔集，河堤上柳樹成行、鳥語花香，河岸上臺榭長廊、延綿幽長。劉亞茹就生活在廣運潭旁邊的香湖灣村，和這裡的大多數村民一樣，她正在經歷和見證著周邊環境翻天覆地的巨大變化。

滻灞生態區自成立以來，在生態治理和經濟發展的同時，始終將城市鄉村視為一盤棋，不斷改善城鄉發展面貌。

　　城鄉結合部是中國城市化進程中很大的一個問題，而滻灞就恰恰處在典型的城鄉結合部，如何克服改造和發展難題？水變清、路拓寬、環境變乾淨、高樓拔地起，這只是改造城鄉結合部的一部分，讓所在區域的人民真正享受城市的文明與美好，才能真正將城鄉結合部融合到城市。

　　伴隨區域交通設施的不斷完善、商業配套的不斷引入，滻灞生態區已經成為西安市宜居宜創業的開發新城。

　　二〇一二年八月分，滻灞一中開始招生，這是一所完全公立的中學，面向整個滻灞區域。與此同時，各具特色的其他教育也蓬勃興盛，滻灞完全中學已在建設中；與長安大學、市八十三中等學校合作辦學也正在積極推進；御錦城、滻灞半島等社區也都建設幼兒園、學校，滿足居民不同的教育需求。

　　區內的紅星花園公租房、滻灞家園保障房、濱水花城限價保障房等項目，

滻灞配套建設不斷完善

極大範圍內保障了區域內民眾的住房需求，促進了城鄉融合、一體發展。

高標準的配套建設是城市發展的硬件支撐，區域商貿、金融、住宅、教育、醫療等公共配套的日益完善，成為城市集聚人力、技術、資金、產業等優質資源的重要基礎。

十年來，滻灞生態區以高標準的配套建設為先導，以歐亞經濟論壇綜合園區、西安領事館區、西安金融商務區等為承載，高標準推進星級酒店、大型商業綜合體及商業步行街建設，為廣大市民提供便利優質的城市配套環境。

二〇一四年，滻灞生態區將繼續完善各類社會配套、優化升級區域路網，打通滻灞一路、韓森東路、北辰東路等主幹道路。積極推進國家綠色生態示範城區建設，制定標準，構建綠色交通體系，加快三星綠色建築示範性工程建設，全面推行二星綠色建築，推進滻河城市段綜合整治提升工程，完成河道清淤、堤防修復和示範段建設任務，初步形成滻河沿線濱河景觀帶。

未來幾年，滻灞生態區將基本建成「六縱十二橫」的骨幹路網，形成以軌道交通為主體，快速公交為補充，普通公交為輔助的快速、高效、環保的城市交通系統；同步建設符合國際綠色標準的電力、供氣、供熱設施；建成「百年一遇」標準的滻、灞河防洪水利工程；完善生態、環保、高效的污水處理設施和中水循環利用系統；建成大型城市垃圾回收處理中心，實現區內垃圾百分之百密閉清運及分類處理，形成適度超前、功能完善的高品質現代化基礎設施體系。

首善之地　魅力滻灞

詩人艾青說過，「北方是悲哀的」，而北方之所以悲哀的主要原因，就是

沒有水。甚至可以說：在北方，有水就有一切；而沒有水，一切都是零。如果優美的環境是滻灞生態區發展的支點，那麼通過這個點撬動哪些產業，則成為彼時滻灞生態區可持續發展的另一個命題。

作為城市的生態補償區，滻灞生態區借鑑了國內外城市優秀的發展理念，在生態重建的基礎上，通過城市基礎設施的建設，拉大城市骨架，發展符合區域實際的特色產業，如金融、旅遊、商貿、會展、文化教育等，從而與城市其他區域形成錯位發展，相得益彰，進而推動西安快速邁向國際化。

滻河與灞河的交匯處煙水茫茫，垂柳依依，一座造型大氣現代的建築掩映其中，歐亞經濟論壇永久性會址已成為滻灞三角洲的一個標誌性建築。論壇會議中心現代、典雅的設計風格，同聲傳譯和現代聲光電控制的管理系統，超五星級的賓館讓人讚歎不已，也讓五洲賓朋感受到生態之城的獨有魅力。

這裡每兩年舉行一次的歐亞經濟論壇是滻灞邁向國際化的推進器。而永久會址的最終建成將大大改善整個區域環境，推動和引爆滻灞大開發，它不僅為絲綢之路經濟帶起點城市起到助推作用，而且在入區企業標準和招商引資方面

園區中的凱賓斯基酒店

華潤萬家西北總部基地簽約浐灞生態區

也將產生積極的影響。

招商引資，是拉動一座城市、一個區域經濟社會發展的重要引擎，也是提升該地區對外開放水平的重要途徑。

歷經十年的成長與積澱，浐灞生態區大氣蓬勃的生態主張、高瞻遠矚的產業規劃、「大招商，招大商」的招商理念，顯示了區域強勁的發展勢頭。

憑藉產業聚集、空間區位、生態環境、交通便利、服務管理等六大優勢，浐灞生態區招商引資工作頻結碩果。

「浐灞生態區發展依靠兩臺發動機，分別是綠色發動機和金色發動機，綠色發動機是以世園會為代表的生態環境，金色發動機則是以金融商務區為代表的現代服務業。」

二〇〇八年四月，陝西省和西安市確立了「建設浐灞金融商務區，構建西部重要金融中心」的戰略目標。二〇一〇年一月，浐灞金融商務區正式命名為

西安金融商務區，這一變化賦予滻灞生態區發展的「金色引擎」。

「金融業是滻灞生態區的核心產業，也是滻灞生態區未來的最大產業特色。」

滻灞管委會相關領導介紹說，滻灞生態區將繼續以建設西安國際化大都市先導區為目標，以生態化為主體，國際化和產業化為兩翼，加快實施重大基礎設施和產業項目，發展現代服務業和高端金融業。西安金融商務區將建設成為西部重要的金融中心，在滻灞生態區的發展過程中它扮演著重要的角色。

「新華保險將在全國設立四到五個運營中心，位於西安的西部運營中心將首先啟動。我們非常看好西部、看好西安的發展。」二○一二年五月二十八日，新華人壽保險有限公司董事長康典在新華保險西安後援中心項目入駐西安金融商務區時信心滿滿地說。

這只是西安金融商務區發展的一個典型案例。西安金融商務區是滻灞，乃至西安市、陝西省近年來最大的金融項目，是未來西安國際化大都市的重要標誌。

截至目前，累計簽約入區各類金融機構及商務配套項目六十餘家，總投資超過三百億元。包括：陝西保監局、陝西證監局，長安銀行、永安財險、西安銀行等金融機構總部，中國銀行總行全球客服中心等金融後臺機構，呈現出金融前臺、金融後臺、要素市場並行發展的態勢。

中國銀行全球客服中心項目建設總體進展順利，二○一三年投入運營，已成為中國銀行總行在上海和北京之外的全球三大客服中心之一。該項目巨大的示範效應，帶動其他全國性金融機構後臺服務中心快速聚集。

作為陝西省和西安市打造西部重要金融中心的具體承載，預計到二○二○年，西安金融商務區將聚集一百至一百三十家金融機構和一千家商務機構，金融業增加值達到一百五十億元，占西安市金融業新增值部分的百分之五十以上，占陝西省金融業新增值部分的百分之三十以上，對陝西省金融業發展的貢獻率達到百分之二十以上，金融業帶動相關產業增加值達到三百億元。

「我想將來西安金融商務區建成之後，也像上海的外灘一樣，各家金融機構的倒影都映在水裡。」陝西省省長趙正永曾用這樣一句話來描述西安金融商務區的未來。

著眼於未來國際化大都市和西部金融中心配套服務的需要，滻灞已規劃在「滻灞三角洲」金融商務核心區建設滻灞國際商貿中心，為國際貿易提供交易管理服務平臺等服務。同時，打造國際風情商業步行街、高端品牌汽車 4S 產業園、高檔購物中心等也在熱火朝天地進行。

以優良生態為基礎，滻灞的現代服務業搶占了高端、綠色、無污染行業，以旅遊、休閒、文化為主體的現代服務業日趨成熟。隨著廣運潭世園會休閒經

西安金融商務區效果圖

世界園藝博覽會會址

濟圈、滻灞國家濕地公園、灞河旅遊文化帶和滻河休閒景觀帶、雁鳴湖生態住宅區及桃花潭公園生態景觀五大項目的建設完成，滻灞生態區將會成為國際旅遊城市的都市休閒核心區。

以「生態＋休閒」為主題，構建生態文化、創意文化、休閒文化、國際教育培訓為特色的多元化文化產業體系，做大做強一批文化企業，鑄造滻灞文化品牌正在成為滻灞人肩上沉甸甸的責任。西部金融文化產業核心區、滻灞河兩帶文化產業集聚區、文化創意產業孵化基地、陝西出版集團數字出版基地、CISV 國際兒童夏令營等已經開工或正在火熱實施。

「數字出版基地之所以選擇滻灞，是因為這裡的服務意識強、辦事效率高、服務質量高，讓我們感受到了實實在在的優惠政策；這裡優美的環境對我

們吸引力也很大；滻灞基礎設備、網絡設施都比較齊備，便於我們吸引人才；世園會的舉辦使滻灞影響迅速擴大，形成非常好的品牌，便於我們招商，吸引全國優秀企業。」陝西出版集團數字出版基地開發建設有限公司董事長陳建國的一席話，道出滻灞生態區的種種「魅力」。

一個項目集聚一個新興產業。目前，在滻灞生態區，大項目正以前所未有的「加速度」，推動滻灞生態區巨艦破浪前行，提速經濟新的跨越。

如今，西安滻灞生態區已成為全國範圍內率先開展城市發展與生態文明建設有機融合的案例，一個促進生態文明建設、踐行科學發展觀的典範。今天的滻灞，呈現給世人的不僅僅是生態之美，還有一個個閃光的國際化城市品牌和更多的榮耀。

二〇〇七年四月，經國務院批准，歐亞經濟論壇永久會址落戶滻灞，每兩年舉辦一屆。如今，這裡已吸引並舉辦了四屆歐亞經濟論壇，第五屆歐亞經濟論壇今年將在這裡激情呈現。

二〇〇七年十月，與奧運會、世界盃足球賽、F1 賽車齊名，被公認為影響力最大、收視率最高的四大國際體育賽事之一的「F1 摩托艇世界錦標賽」中國西安大獎賽在這裡舉行，國內外十一支代表隊參賽，現場觀眾達到十二萬人次，二百多家國內外媒體採訪報導，並通過 TWI 環球體育影業有限公司的三顆同步衛星電視向全球二百多個國家轉播。

二〇一一年四月至十月，建國以來西北地區規格最高、規模最大、影響面最廣的世界性展會二〇一一西安世界園藝博覽會在這裡精彩綻放，接待國內外遊客一五七二萬餘人次，吸引了一〇九個國內外城市和機構參展，舉辦各類演藝活動八千六百餘場，創下歷屆世園會之最，帶動了西安乃至陝西省相關產業的快速增長，直接拉動西安市 GDP 高達五到六個百分點。它的成功舉辦，弘揚了綠色理念，彰顯了中華文化，展示了西安文明、開放、包容、綠色的嶄新形象，形成了「拚搏、創新、協作、奉獻、服務、開放」的世園精神。

二〇一二年，後世園時代的西安世博園盛大開園，對社會免費開放，這是

西安生態環境、民生工程、文化建設等方面的又一件大事，滻灞生態區再次成為世人關注的焦點。保留世園會會址，本身就是對綠色低碳環保理念的宣傳。按照世園會規章，展覽結束後展園要求拆除，全世界很多世園會會址都被改建成學校、醫院、住宅等項目。而西安世園會保存會址展館改造成世博園，並且整個園區免費向社會開放，進一步宣傳了生態理念，展示建設成果，城市與自然和諧共生進一步得到傳承和推廣。

二〇一三年七月「環中國」西安站的預熱賽暨二〇一三環中國業餘公路自行車賽西安站在世博園舉辦。

二〇一三年十二月，經國家旅遊局批准，西安世博園景區獲批成為全國首批省內首家「國家生態旅遊示範區」。

作為自然與人類協奏的盛典，西安悠久文明與現代創新精神的結晶，西安世園會掀開了「綠色引領時尚」的新篇章，西安向世界傳遞了一張嶄新的名

世園會多媒體表演

片，向世界展示了一個厚重的、靈動的、自信進取的西安，一個充滿了現代生機與活力的西安。

二〇一〇年，西安滻灞生態區以市轄區之資，與北京、杭州、廈門等城市共同被評為「2009-2010 年度最受關注會議目的地」。

二〇一一年九月十二日，西安世園會獲得聯合國「全球最佳綠色創意獎」，會址所在地西安滻灞生態區榮獲聯合國「全球城市最佳綠色變更經典案例獎」，西安市榮獲聯合國「全球城市綠色成長出色貢獻獎」。

二〇一一年十月十一日「2011 西安世界園藝博覽會籌建項目」獲得「IPMA 特大型項目國際項目管理國際大獎」。

二〇一一年十月十九日，西安滻灞生態區入選「2011 中國年度品牌」。

二〇一一年十一月一日，聯合國人居署亞太辦事處、亞洲人居環境協會、福岡亞洲都市研究所、亞洲景觀設計學會聯合授予西安世園會「2011 亞洲都市景觀獎」。

二〇一一年十二月二十三日，在瑞士蒙特勒舉行的國際多媒體大獎頒獎儀式上，西安世園會榮獲「瑞士綠色環保獎」，西安世園會大型多媒體表演《水舞秀》榮獲「國際多媒體創新獎和運營管理獎」。

二〇一三年十二月二十五日，滻灞生態區獲得生態文明推動力「最具影響力區域」稱號。

一次次國際性活動的舉辦，一項項榮譽的獲得，滻灞生態區這一國際化的城市品牌，極大地提升了西安在國內外的知名度，也將西安這座千年古都的嶄新形象和它所孕育的創新活力呈現給了世界。

按照西安滻灞生態區的總體目標，未來的滻灞生態區將依據國家生態文明總目標要求，努力構建以資源環境承載力為基礎、以自然規律為準則、以可持續發展為目標的資源節約型、環境友好型城市生態新區，逐步建立起健康優美的環境體系，綠色高效的產業體系，舒適宜人的人居體系，文明和諧的社會文化體系，務實創新的制度體系，使西安滻灞生態區成為城市生態文明建設的先

行軍、開發區生態文明建設的試驗田，西部生態文明建設的新名片。預計到二〇二〇年，西安滻灞生態區將成為引領西部、國內一流、國際知名的生態文明建設示範區。

「我們將勇擔重任，將西安滻灞生態區建設好、保護好、利用好、展示好，繼續做好滋潤古城、惠及市民的生動實踐者，做好城市與自然和諧相處新城市發展理念的創新者，做好建設國際化大都市的率先承接者、國際標準的模範執行者和國內標準的參與制定者，切實用實際行動實踐生態文明。」窗外的廣運潭煙波浩渺，楊六齊給我杯中加了些茶水，語氣顯得自信而堅定。

盛世花開 05章

二〇〇七年 F1 摩托艇世錦賽在滻灞生態區舉行

速度與激情，波光粼粼之 F1 摩托艇大賽

其實，當年我也瘋狂過。每到夏天，晚上總有個雷打不動的節目，到灞河裡開展一百米游泳競速賽，當然這個一百米是個含糊的概念。我們沒有鯊魚皮泳衣，全是赤條條的扎在河裡。

現在看著在清澈水面上游泳的人，心中便有了更多的羨慕。綠草如茵的堤岸，寬敞整潔的碼頭，安靜游弋的野鴨，織就了一幅美妙的風景。

二〇一二年，西安市作家協會主席吳克敬驅車經過廣運橋，不由地讚歎滻灞管委會船型建築的寓意，興之於滻河之畔，與水、景、天構成了完美曲線。而波光粼粼的水面，則成就了西安的大水大綠。

二○○七年，我全程參與了 F1 摩托艇世錦賽亞洲大獎賽的策劃宣傳，也是由那時起，我深切地感受到西安八水之魂，滻灞河交會三角洲區域，速度與激情不斷上演。

音猶在耳，那是 F1 摩托艇隆隆的馬達聲；煙波浩淼，那是滻灞生態區的秀麗風姿⋯⋯

二○○七年十月四日，F1 摩托艇世界錦標賽中國西安大獎賽拉開戰幕，來自十一個國家的二十四支摩托艇勁旅在滻灞生態區演繹水上激情。

F1 （一級方程式）摩托艇世界錦標賽，是由國際摩托艇聯合會（簡稱國際摩聯）發起組織的集競爭性、觀賞性和刺激性於一體的體育競賽項目。同 F1 賽車一樣，F1 摩托艇世錦賽也是系列賽事，是世界上僅有的兩個一級方程式世界錦標賽之一。每年在世界各國和地區舉行十站左右比賽。

F1 摩托艇比賽是現代文明中高速度、高科技的載體和象徵，驚險性和觀賞性皆在於其超炫的速度，比賽要求運動員在水面上圍繞固定標記進行時左時右轉彎的環圈計時賽，比賽用的摩托艇可在三點五秒之內，從靜止加速到一百公里／小時，比賽速度最高可達二百五十公里／小時。F1 摩托艇世錦賽與奧運會、世界盃足球賽、F1 賽車齊名，是目前世界上具有最大影響力、最高收視率的四大國際體育賽事之一，每站受眾超過十億人，全年受眾超過一百億人。

談起當年的速度與激情，我與老吳都興奮不已，恍如昨日。也是這片水域，改變了世界對中國西北的看法，不再是黃土高原的貧瘠與落寞。

彭林武是中國到目前為止唯一一位擁有「超級摩托艇駕駛執照」的駕駛員，曾二十次獲得摩托艇全國錦標賽冠軍，並在芬蘭舉行的世界錦標賽中奪得冠軍，也是中國第一個摩托艇世界冠軍。面對西安之行，他顯得很是興奮，說自己很快便愛上了這個城市。

而擁有「水上舒馬赫」之稱的九冠王高迪奧‧卡佩里尼，並沒有在西安 F1 賽場上實現他的「十冠王」夢想。不過，屈居亞軍的他毫不遺憾西安之

行，「西安滻灞生態區的美景和西安人的熱情，讓我終生難忘。」

一座地處大西北的內陸古城，為何能成功申辦時尚的水上運動？這是人們此前的普遍疑問。

西安是有著三千一百多年建城史的古老城市，「傳統、古老、純樸、黃土」一直是這裡的代名詞。

因此，西安將舉辦 F1 摩托艇賽事的消息剛一傳出，就有網友在網上發帖子，質疑西安的水資源何在，甚至出現了「難不成要在護城河裡繞彎？」的帖子。

然而，奇蹟就此發生！

在灞河河道上響起的 F1 馬達聲，向世人傳遞了一個新的觀念——西安不僅有深厚的黃土文化，更有充滿生機的綠色文化。

親臨現場的觀眾都看到，碧波蕩漾、清流如畫的美景，向人們展示了一個不一樣的西安。

就連國際摩聯的官員在驗收賽場時，也給出了令人振奮的評價：「中國西安是全世界最漂亮最完美的 F1 摩托艇賽場之一。」

談起當年的申辦歷程，總有說不出的「情定滻灞之意」。

二〇〇六年九月，為了吸引更多市民在「十一」期間到滻灞生態區參觀遊玩，滻灞生態區籌劃了一系列娛樂活動。在前往遼寧瀋陽邀請水上表演隊的過程中，滻灞生態區的相關人士聽說了 F1 摩托艇世界錦標賽，由此萌發了申辦這一賽事的想法。

二〇〇六年十月六日，受時任西安市市長陳寶根的邀請，國際摩托艇聯合會 F1 委員會主席尼克魯及國內 F1 賽事獨家推廣商深圳天榮投資有限公司有關人員一行來到西安，實地考察了滻灞生態區滻灞河三角洲等地，並進行了會談。

尼克魯對滻灞河三角洲地區「一見鍾情」，考察後，隨即表示滻灞河三角洲地區已經初步具備舉辦賽事的基礎條件。當日，國際摩聯 F1 推廣委員會、

摩托艇水上表演

西安滻灞河管委會、深圳天榮投資有限公司就西安申辦二〇〇七年 F1 摩托艇世界錦標賽事宜簽署了會談備忘錄。

一個月後，西安市政府正式致函申辦 F1 摩托艇世錦賽，滻灞河管委會也開始為申辦賽事開展大量工作。二〇〇七年一月四日，承辦單位滻灞河管委會正式簽定了賽事申辦協議。

和 F1 賽車一樣，F1 摩托艇世錦賽是一項全球性系列賽事，每年在世界各地舉辦十站比賽。但由於其巨大的影響力，舉辦地之間的競爭非常激烈。此前，F1 摩托艇世錦賽在中國曾選擇廈門、杭州、上海、成都等四個城市舉辦賽事。四月十二日的新聞發布會上，尼克魯在接受記者采訪時表示，「近年來，在 F1 摩托艇世錦賽的舉辦地選擇中，亞洲地區的分量越來越重。」

即便如此，西安要在眾多城市中勝出，也並非易事。「當時，尼克魯一行畢竟只是對西安進行申辦賽事的可行性表示了誠意。」楊六齊不止一次地感嘆。

西安方面的積極努力終於得到了國際摩聯的肯定。三月二十六日，國際摩聯正式批准西安的申辦，而在新聞發布會之前的四月九日，國家體育總局也批覆同意西安申辦該賽事。

對於西安這樣背負盛名的城市來說，或許應該是摩托艇向她致敬。

歷史不是無本之木，無水之源。成功申辦僅僅是開始，接下來的水域賽場著實讓滻灞人「廢寢忘食」。

滻灞生態區抱二水、枕三塬、連秦嶺，生態優勢獨特，有著得天獨厚的區位，堪稱西北的交通要沖、咽喉之地。此外，滻灞生態區還具有豐富的歷史文化，數不勝數的文化遺存，包括半坡、隋灞橋、廣運潭、霸陵、杜陵等。

在這基礎上，成立兩年多的滻灞河管委會在生態建設方面可謂是「不惜血本」，光在基礎設施的建設上就投入了二十億元，其中滻灞河的治理投入達八億元。

F1 摩托艇世界錦標賽開幕式

自二〇〇四年九月以來，隨著滻灞生態區的開發建設，「八水」中的滻河、灞河重新恢復了生機。生態區新增水面六千五百餘畝，累計形成水面一萬五千畝，灞河上新建四座橡膠壩，建成五個親水碼頭，同時，區域內的設施條件也在不斷完善，這些都為 F1 摩托艇世錦賽西安大獎賽的舉辦奠定了堅實的基礎。

位於滻河、灞河交會處的 F1 摩托艇賽場最寬處達五百七十米，最窄處四百三十米，回水長度三千八百米，可形成水域一百六十萬平方米，這些也遠遠超過了國際摩托艇聯盟對賽事的水域要求。

水質方面，灞河因距城市較遠，加之保護得力，目前為三類水，完全符合要求。對於污染較嚴重的滻河，滻灞生態區在賽事舉辦前就成功截污。

此前，在談及滻灞生態區「河流治理帶動區域發展，新區開發支撐生態建設」的發展思路時，楊六齊曾精煉地詮釋為「謀定而後動」。

如今，這一詮釋，通過 F1 賽事的舉辦，得到充分印證。

開賽前三天，《人民日報》在其頭版以大篇幅報導《誰言南舟北馬，西安亦可弄潮》，文中稱：「選擇中國北方城市進行比賽，填補了一個空白，因此不僅僅是西安的榮耀，也是黃土文化孕育下的北方城市的榮耀。」

如果說比賽條件的疑惑側重於西安的先天條件，那麼另外一個考驗則側重於人為因素了。

「此前，已有杭州、廈門、上海和成都等城市舉辦過該項賽事，但這些城市的賽事組織方，均是比較成熟的城市區域，而西安的賽事舉辦地滻灞生態區，其成立才不過三年，是否有能力舉辦好這類高規格賽事？」

面對這樣的考驗，滻灞生態區用實際行動交上了一份令人滿意的答卷。

回顧滻灞生態區承辦該項賽事的全部過程，那是一個「一年與兩天」的動人故事，也是滻灞生態區從年輕走向成熟的故事。

在二〇〇七年四月成功申辦 F1 賽事後，留給西安的籌備時間只剩半年。「屆時能否向全球奉獻一個高標準的賽場與賽事？」國際摩聯的官員此前也略

F1 摩托艇賽事精彩瞬間

有擔心。

事實證明，這樣的擔心是多慮了。正如國際摩聯 F1 委員會主席尼克魯在賽事期間所說：「回顧二○○六年十月第一次來到西安滻灞生態區考察賽場，整個賽場只有一條雜草叢生的乾涸小河；六個月後，我們再次來到這裡，整個賽場煥然一新，這種奇蹟只可能在中國發生，如此巨大的工程，只有眾志成城的信念和多方的共同努力才能讓夢想成為現實。」

「沒想到，不到一年，滻灞的變化這麼大」，十月二日的滻灞，撥雲見日，當天下午，在視察完賽場後，國際摩聯秘書長維京女士在與楊六齊會面時，對西安 F1 的場地、組織等各項準備工作表示了充分肯定。

維京女士援引尼克魯的話表示，滻灞前後發生了很大變化，她本人也持同樣看法，「F1 在中國是辦得最好的，給人以從未有過的滿意」。

同行的 F1 推廣委員會秘書長拉維尼亞對於西安的賽場也給予了充分肯定，她表示，國際摩聯遇到了好的合作者，一起為賽事作努力。她說，只有在

中國才能把事情辦得這麼好，「這裡是做得最好的」。

二〇〇七年 F1 摩托艇世錦賽西安大獎賽組委會副秘書長葉劍華也表示，令他沒有想到的是，西安市的動作會這麼快，河床清淤、河道整治，每次來到現場，都會有非常大的變化。

「滻灞的水面十分理想，水面寬度十分適合 F1 摩托艇這種競速運動。」葉劍華說，作為臨時賽場，他對整個賽場目前的情況十分滿意。在 F1 摩錦賽結束後，這個場地也非常適用於龍舟、划艇等群眾性水上運動。

這一次，滻灞「一舉成名」！

二〇〇七年十月四日和五日，在西安滻灞生態區舉辦的 F1 摩托艇世界錦標賽成為西安市民的一次「狂歡節」。

橫滾、俯衝、噴水、翻觔斗……一個個高難度的特飛動作，無不令觀眾折服。一百八十度急轉、三百六十度急轉，這些高難度的特級表演，不時博得觀眾的熱烈掌聲和歡呼。

那天，情形有點像一千三百年前在廣運潭舉辦的那次水上盛事，一大早，市區裡的人們就開始絡繹不絕地從四面八方向城東彙集，人們來到了灞河邊。F1 賽場主席臺在滻灞河交會處的三角洲洲頭，群眾的看臺實際就在灞河兩岸，灞河東岸和灞河西岸。灞河東岸，就是如今被叫做「廣運潭生態景區」的地方。歷史千年一個輪迴，西安市民腳下踩著的灞河兩岸的土地，正是天寶年間京城長安人踩著的同一片泥土。不同的是，人們的交通工具不再是騎馬和坐馬車，特意為老百姓開通的公交車一趟趟把市區的人往這裡運送，當然，也有許多私家車。那天，從灞河東岸到灞河西岸，車水馬龍，人海如潮，從來沒有見過這麼多的西安市民為觀看一場比賽聚在一起。

據媒體報導，F1 摩托艇的開幕式和決賽，是西安有史以來舉辦的級別最高、規模最大、人氣最旺、參與人數最多、受到關注面最廣的一次世界頂級賽事。

「在西安呆了一輩子，我從沒見過摩托艇，這回可真是開了眼界！」七十

二歲的蔣正齊老人和全家一起看到這樣的場景感慨道。

從山西前來西安旅遊的鄭巧偉兩天前即已來到西安。在觀看了兵馬俑、大雁塔等代表西安古老歷史的景點後，他和妻子一起來到滻灞，觀看了驚險刺激的摩托艇表演賽，連稱「沒想到在古城西安，還有這麼高規格的國際化水上比賽！」

這只是幸福的前奏，為了迎合現場，比賽還設置了現場體驗摩托艇環節。西安市民劉子旭就是眾多幸運兒中的一名。

在摩托艇教練的現場挑選下，他和另外一位市民登上了摩托艇，真正體驗了一回疾速摩托艇運動。「真是太驚險、太刺激了！」上岸後的劉子旭顯然還沉浸在剛才的場景中，他邊脫下防護服邊告訴記者，當摩托艇開始加速，四周的景物紛紛後移時，伴著耳邊的呼呼風聲，他不由地大呼過癮。

家永遠是最溫柔的地方，無論你身在何處，總是向家的方向不停張望。蔣智是在澳大利亞悉尼留學的西安學生，愛好體育的他也是較早得知 F1 摩托艇世界錦標賽在西安舉辦的當地學生。

「在外的日子裡，我每天都要瀏覽一下家鄉西安的網站，四月中旬就得知了這一消息。」蔣智說。此後，蔣智就把這一消息發布在當地有名的華人網絡社區 BBS 上，並且還黏貼很多西安的圖片，引來諸多關注。

「這些帖子每天的點擊量都在一千左右。」蔣智在跟帖中說，雖然一些澳大利亞人對西安也有所了解，但畢竟只是點皮毛，而 F1 摩托艇運動在當地的群眾基礎很好，兩者連繫起來後，對西安來說無疑是搭上了一輛宣傳快車。

另一方面，賽事中的志願者團隊也令世界為之側目。

兩名來自卡塔爾多哈電視臺 al-kass「Qatar」頻道的記者 Bahder 和 Manhanmod，完成了一天的採訪工作，但一道難題讓他們一籌莫展，連連向經過身邊的中方工作人員求助。見到這一幕的志願者，來自西安外國語大學高級翻譯學院和英文學院的王玨、張園上前詢問。得知兩名記者是隨卡塔爾隊來西安報導賽事，他們需要將當天拍攝的關於 F1 的影像資料發回多哈電視臺，

F1摩托艇賽場上選手激烈地競爭

但由於語言不通，不知如何和衛星傳輸中心溝通。

　　了解情況後，兩名志願者連繫到中央電視臺，代其詢問衛星電視轉播事宜，經過一番緊張溝通，他們將一張寫有連繫電話、傳真和衛星接收信號代碼的紙條交給兩名卡塔爾記者。

　　兩名卡塔爾記者如釋重負，感激地連聲道謝，用生硬的中文說：「她們，真棒！！」

　　我們，應該如何看待西安？在繁華落盡後，是要隨風飛走，還是要結成果實？

　　西安在「水」和「綠」的問題上從前似乎矮人一頭，沒想到，短短幾年功夫，西安的東北方向就崛起了這樣一個「大水大綠」的城市新區。已經被人們淡忘並從生活中淡出的西安的滻灞河，又以這樣一種獨特的方式，通過一次國際水上賽事，重新回到了世人的面前……

通過 F1 賽事的申辦和組織，社會各界也充分肯定了西安及滻灞生態區對大型國際活動的籌備組織能力。「從西安確定承辦 F1 賽事到現在，也就只有半年的時間，但各項工作受到了一致好評。尤其是對滻灞生態區這樣一個年輕的區域而言，這一成績充分說明了該區域的發展已經邁上一個新的臺階，也昭示著滻灞生態區管理決策層的成熟。」

　　在 F1 賽事的舉辦過程中，人們也看到了滻灞生態區與 F1 速度相比擬的滻灞速度，那就是敢為人先、追求卓越、寬容失敗。通過 F1 賽事的舉辦，不僅展示了滻灞生態區的建設成就，也使滻灞生態區接受了國際化標準的考驗，從而進一步推動了滻灞生態區的國際化步伐。

　　在西安滻灞生態區舉辦的這次 F1 摩托艇世界錦標賽通過美國國際管理集團下屬 TWI 環球體育影業有限公司的三顆同步衛星進行轉播。據事後官方媒體統計，全球有一九一個國家和地區對賽事進行專題報導，一二一個國家進行

F1 摩托艇賽事精彩現場

電視轉播。全年賽事則有超過二千家平面媒體進行專版報導，全年報導總量在五十萬次以上。

以 F1 為代表的重大活動的落戶，實際上是對滻灞生態區環境建設的一次充分肯定，讓人們充分認識到滻灞生態區「河流治理帶動區域發展，新區開發支撐生態建設」的理念是完全正確的。同時，也表明滻灞生態區已經走在國內舉辦國際大型活動的前列。

「此前，很多區域在發展經濟時，走的大都是『先發展，後治理』的道路，這一模式在早期經濟發展過程中無可厚非。但不可否認的是，這一模式也為區域的後期發展帶來了困境。而滻灞生態區則不同，先治理，後建設。在一開始就注重區域環境的改善和提升，然後利用區域環境來吸引相關產業的發展。」一位專家在參觀完滻灞後，充分肯定了滻灞生態區的發展理念。

追溯當時的 F1 大賽，楊六齊緩緩地說：「滻灞生態區當年舉辦 F1 摩托艇世界錦標賽，就是宣傳西安、宣傳滻灞、鍛鍊隊伍、提升品質。核心目的是用它作為我們的一種形象代言。因為有了 F1，我們的國際化進程進一步加快。我們的建設，會有更高的國際化標準。所以說，F1 的舉辦，象徵了我們的精神，象徵了我們的追求。」

作為白鹿原下的灞橋人，著名作家陳忠實目睹了滻灞河的變化，他說，自漢代起，滻灞即為駐軍抗敵重地，生活生態條件佳，今天，F1 摩托艇世界錦標賽在這裡舉辦，更有「沙場秋點兵」的意趣。「這是個奇蹟，令人振奮，這說明西安和滻灞的生態環境建設有了長足進步。」

正如 F1 摩托艇沒有剎車、只有油門，通過這一賽事，滻灞生態區快速發展的「油門」似乎踩踏得更為穩健。

猶如 F1 摩托艇以二百多公里的時速前進一般，快速發展的滻灞生態區也將給世人帶來難以想像的驚喜。

絲綢路上古韻新唱，歐亞經濟論壇

歷史學家曾說過，歷史的車輪，你知道它的方向，卻不知它會翻過哪座山頭。

有時候，我總是在想，到底哪片區域才是西安的最愛？顯而易見，大自然是公平的使者，關閉了一扇門，總會為你打開另一扇窗。然而，這樣的機遇總是不會那樣的顯山露水，需要不斷探索挖掘。

滻灞生態區有著這樣的一批建設者，也是因為他們，這裡滿血復活，至今，仍然無法想像當初沙坑遍布、垃圾成堆的區域竟然成為了如今大西安的「天然氧吧」。

二○○四年十一月的一天，突然接到楊六齊主任的電話，說是一起去滻灞河交匯處看看項目。

寒冬臘月的滻灞河邊，讓人無論如何也無法將這裡與「灞柳飄雪」的美景相連繫。我們一路前行，當吉普車距離目的地還有約一千米時，車子已經無路可走，我們一行五人只能下車步行，楊六齊打開後備箱，熟練地拿出了五雙高筒膠鞋給大家，笑言：「沒有這玩意，我們就沒有辦法出來啦！」

果真，溝溝壑壑的小路猶如翻山越嶺一般，加之偶聚的垃圾讓人步履維艱。一路上不停地測量、記錄、商討，伴隨著刺骨寒風，可所有人的心頭卻是暖暖的，彷彿眼前是無限美景，這時的滻灞正在蓄勢待發。

從西元二○○四年九月九日誕生，到二○○七年，艱苦備嘗中他們走過了三年，一直幹著的都是最苦最累的活兒，並且，都是些幾乎默默無聞的活兒。河流治理，生態重建，修路，疏河，固堤，築壩，植樹……都是些不在人前露

臉和聽不見響聲的活兒。

　　王軍、楊六齊，甚至滻灞所有的人都在想：滻灞，該出名了！

　　時任西安市委書記孫清雲、市長陳寶根，卻對滻灞管委會能不能辦好歐亞經濟論壇有些擔心。畢竟這個管委會還太稚嫩，才是個剛剛三歲的「幼童」。歐亞經濟論壇是國際性的活動，不能出一點兒差錯，出了，不說滻灞管委會擔當不起，是西安擔當不起！孫清雲在此一年前來滻灞管委會搞調研就語重心長和嚴肅地說，「我們要高度重視歐亞經濟論壇永久會址的建設問題，這要作為滻灞委工作的重中之重。這個項目國際影響很大，我們西安市能爭取到非常不容易，落戶到滻灞更不容易！如果二〇〇七年的歐亞經濟論壇不能在滻灞舉行，那就是我們的失敗！就會在國際上造成嚴重的不良影響！」

歐亞經濟論壇原址滻灞三角洲洲頭（資料照片）

這是二〇〇六年十月市委書記說的一番聽上去是有些疾言厲色的話。

陳寶根那時候也相當焦慮，一天，把楊六齊叫去，親口放下「狠話」，說，二〇〇七年的歐亞經濟論壇就是搭茅草棚，也要在你滻灞開！

歐亞經濟論壇永久會址落戶到西安，的確不是一件小事情。此後，輿論界也認為，歐亞經濟論壇項目是西安的「國際化開篇之作」。

二〇〇四年，時任西安市委書記的袁純清聽到外交部有舉辦歐亞經濟論壇的想法後，迅速連繫了上海合作組織、國家開發銀行及博鰲論壇秘書長龍永圖，爭取由他們出任歐亞經濟論壇的主辦方及協辦方，並順利將論壇的永久會址定在西安。

這也許就是歐亞經濟論壇的來歷。

從論壇的出生和身世來看，首先，它是西安努力和積極爭取來的。其次，它和上海合作組織、博鰲亞洲論壇有關——而且，差不多是把博鰲論壇的一個「班底」和「原班人馬」搬到了西安。

歐亞經濟論壇，主要是面向歐洲和中亞的一個國際論壇。

如此，就可形成一個「南有博鰲、北有歐亞」兩大著名國際論壇雙星並立的國際交流平臺。王軍說，西安由此將站在國際交流的前沿，西安也將由此登上國際大舞臺！歐亞經濟論壇項目，對提升西安的國際化水平和國際地位具有不可替代的、唯一的重要作用！

不錯，上海合作組織秘書長張德廣對把歐亞經濟論壇的機會給予西安，也作出了相同的解釋。他說，西安是中國中西部地區一個具有戰略意義的城市，古代絲綢之路從這裡起步，它在中國人乃至世界人民心目中具有濃郁而獨特的歷史情結。西安市委市政府領導作出正確決策，把此次論壇作為西安走向國際化的開篇之作，確屬大手筆、大氣魄，論壇成功舉辦後，其意義將充分展現出來，它的作用無可限量……

張德廣先生說這番話的時候，是二〇〇五年十一月十日至十一日首屆歐亞經濟論壇在西安隆重舉行之際。當時，西安還沒有歐亞經濟論壇的永久會址。

人們在慶祝論壇成功舉辦的同時，也在納悶和猜測，對西安來說如此重要的一個「國際化開篇之作」，盛唐千年之後，西安的第一個國際論壇會議中心，它的永久性會址，究竟會「花落何處」？

西安的各個區縣市，其中包括幾個新的開發區都爭著搶著想讓這朵國際會議之花落戶在自己「家」裡。這可是個「金貴之身」，每一個枝葉上都流金掛銀。但正像孫清雲說的，這個項目國際影響很大，我們西安市能爭取到非常不容易，落戶到滻灞更不容易！──兩個「不容易」其實已經很能說明問題。你誰再爭再搶，市委和市政府那時候卻已經是鐵了心了要把它給予當時還是一片不毛之地的滻灞生態區……

西安市委和市政府是用心良苦。

西安的九區四縣，西安的「四區兩基地」，哪一個都比當時的滻灞生態區條件優越，拿出它們當中任何一個，滻灞都無可與之爭鋒。然而，滻灞生態區唯一具有的巨大優勢，卻又是其他區縣和其他三個開發區無可比擬的。很簡單，它是西安的未來。它承載著西安的一個未來之城和生態夢想。

二〇〇四年九月九日滻灞管委會成立。

二〇〇四年十一月十一日歐亞經濟論壇簽約儀式在西安舉行。

此時，滻灞管委會才剛剛誕生兩個月，團隊的一二十名員工迅速投入到簽約儀式的籌備中。

緊接著──

二〇〇五年九月二十九日，歐亞經濟論壇永久會址在滻灞三角洲隆重奠基。

二〇〇五年十一月十日至十一日首屆歐亞經濟論壇在西安隆重舉行。

從這個時間上來看，基石早於論壇舉行之前一個多月已先行埋進了土裡。

埋進土裡的，實際也是西安市政府對未來的這座國際化生態化新城的一顆希望的種子。市政府要求，首屆歐亞經濟論壇可以在臨時會址召開，但兩年一屆的歐亞經濟論壇的第二屆年會，必須在它的永久會址，也就是在滻灞生態區

裡舉行。但直到二〇〇六年十月，永久會址的建設卻還不能盡如人意，市委書記孫清雲和市長陳寶根直接發出了督導令。什麼原因讓這麼重要的工程發生了遲誤，眼看不能夠如期完成？

原因或許非常多。困難或許也非常巨大。你只要想一想也許就能夠明白，在這片滿眼荒涼，生態災難嚴重，沒有城市道路交通條件，沒有城市最基本的基礎設施，所有的城市地下管線也都沒有的地方，要讓它從埋下基石以後僅用兩年時間就要建成一個能夠舉行國際大型會議的地方，這怎麼說都讓人覺得是一件提著頭髮想升天的事情！

滻灞管委會遇到了空前困難。

在二〇〇六年的那個多雨的秋天，十月分的第二個星期，週六週日周一連續三天，管委會的主任辦公會議和行政會議以及專家論證會相繼召開。專家們普遍比較悲觀，認為從這個時候起到次年有效的十個月時間要完成將近七萬平

歐亞經濟論壇永久會址

方米的工程以及景觀和附設工程，幾乎是一件沒有可能的事情。

專家們說，除非奇蹟出現。

專家們這樣認為，當然是根據事物的常規和一般規律作出的正確判斷，作為一個具有正常思維的人，難免會產生這樣那樣的焦慮和悲觀。然而非常奇怪，此後的一切卻完全出乎人們的意料……

此後，位於滻灞河交匯處、滻灞半島的這座歐亞經濟論壇永久會址，簡直就像被誰施了魔法一樣，到二〇〇七年九月，它如同一隻天外飛鴻，偉岸地和壯麗地，矗立在了三角洲的洲頭！

一切都不可思議。

然而，滻灞管委會領導們用他們夜以繼日的工作，奔波現場的督查，解決問題的決斷，協同各方的管理，把別人認為不可能完成的事變成可能。

一條無名的土路，隔著三五天再去踏勘，已經成為了平坦大道；一週不見，河道兩旁已是綠樹成蔭；道路鋪設剛剛完工，第二天兩旁的路燈已投入使用……

王軍開玩笑地說：「我們都是立了軍令狀的人，半點不敢耽誤啊。」有一次王軍去現場，徑直問工人要個安全帽，戴在頭上就進到正在建設中的大樓裡，爬高上低地四處看。不經意間，他在工地上發現了一個煙頭，馬上把負責的幹部叫來，讓查清是誰在工地上抽菸。實際上有個工人才剛剛抽了支菸就被他發現了。還有一次，他發現工地上的垃圾沒有清掃乾淨，又把人叫來當即進行教育……如此細緻周到的「督戰」，而且是滻灞管委會最高指揮的親自督戰，人人如履薄冰。

正是這樣的態度與責任，歐亞經濟論壇永久會址如期向社會交出了滿意答卷，而滻灞也逐漸進入世人眼中。

作為西安走向國際化的開篇之作，歐亞經濟論壇永久會址的建設是西安實踐「國際化、市場化、人文化、生態化」的重要一步，是歐亞經濟文化交流的平臺。項目集會議、餐飲、文化、娛樂等功能於一體，配套設施完善、生態環

境優美。

歐亞經濟論壇永久會址項目是歐亞經濟論壇的保障性重點工程，由歐亞經濟論壇大型會議中心、五星級賓館、商務中心、商業中心、高尚居住區和其他配套服務中心以及園林綠化組成，總投資為六十億元人民幣，共分為三期開發。而這一西安的又一標誌性建築的建設，也受到了來自省市政府的高度重視，就在開工當天，該項目即被列入「西安市 2007 年重點建設項目計劃」。

為確保二〇〇七年「第二屆歐亞經濟論壇」在西安順利召開，歐亞經濟論壇永久會址建設從開工那一天開始，便進入了倒計時。二〇〇七年九月，歐亞經濟論壇永久會址全部完工並投入試運營，歷時十個月的工期建造了六點八萬平方米的會場，包括一個一千二百個座位的國際會議中心和一個超五星級賓館。三五三套標準間、行政套房、外交套房、總統套房及中西特色餐廳，十餘個大中小會議室均正常投入使用，並作好了接待各國政要、學者的充分準備。

二〇〇七年歐亞經濟論壇會場

二〇一三年歐亞經濟論壇開幕

　　為進一步完善歐亞經濟論壇會務功能，提升論壇服務層次，二〇一三年七月，歐亞經濟論壇永久會址項目三期正式開工建設，主要由一棟單體超高層建築和綠化景觀組成，整個建築形態呈「門」字造型，寓意「打開城門，迎接歐亞論壇四方賓客」，該建築建成後也將成為滻灞生態區繼長安塔之後又一國際性地標建築。

　　除了外形的獨特之外，該建築還是一座現代科技的環保節能大廈，建築樓頂設有屋頂花園，既能增加屋頂隔熱效能，又能將滯留的雨水收集再利用；還建有灰水系統，可將屋頂花園收集到的雨水，經處理後用做景觀水和灌溉樓內植物；並在日照特別強烈的樓體一側設置了外遮陽系統，可以通過外部遮陽系統的太陽能熱量收集控制裝置來降低能源的使用。

　　歐亞經濟論壇永久會址三期項目的啟動建設，標誌著歐亞經濟論壇項目建設進入新階段，也將進一步塑造國際化大都市先導區的形象，提高西安的國際化程度，帶動高端會議會展、金融商務等現代服務業快速發展。

細數已經舉辦多屆的歐亞經濟論壇，從臨時會場到如今的國際標準，滻灞收穫的不僅僅是區域的全新發展，更為重要的是一種國際姿態和「想幹事、能幹事、會幹事、幹成事」的精神，也鑄造出一個神話。

　　二〇〇五年十一月十日至十一日，二〇〇五歐亞經濟論壇在西安舉行，包括中國、俄羅斯及中亞部分國家領導人、相關企業界人士及專家學者約六百多人出席大會。時任中共中央政治局常委、全國人大常委會委員長吳邦國親臨大會並發表了重要講話。論壇就搭建中國中西部與中亞及俄羅斯相關地方政府合作平臺等次區域合作的重大問題進行探討。二〇〇七年十一月八日至九日，二〇〇七歐亞經濟論壇舉行，時任中共中央政治局常委、全國政協主席賈慶林出席開幕式。來自塔吉克斯坦、俄羅斯、蒙古、哈薩克斯坦、烏茲別克斯坦、新西蘭、菲律賓等國的政府官員、企業家和學者等千餘人，圍繞「加強務實合作、謀求共同發展」的主題展開討論，並就能源、教育、旅遊、開發性金融和

凱賓斯基酒店

凱賓斯基大門

地方政府合作等領域的具體合作倡議深入論證。二〇〇九年十一月十六日至十七日，二〇〇九歐亞經濟論壇舉行，時任國家副主席習近平出席開幕式並發表重要講話，九百三十多位國內外嘉賓就應對國際金融危機、實現經濟企穩回升進行討論。論壇以「攜手合作，促進經濟復甦」為主題，旨在推動上海合作組織成員國元首會議、政府首腦（總理）級會晤等會議議定事項的落實。二〇一一年九月二十三日至二十六日，以「創新歐亞合作，共享轉型機遇」為主題的二〇一一歐亞經濟論壇舉行，時任中共中央政治局常委李長春出席開幕式並發表了題為「共同開創歐亞合作新時代」的主旨演講，來自四十六個國家的政要、國際組織代表、企業家和專家學者等近九百人濟濟一堂，共商合作發展。二〇一三年九月二十六日至二十八日，以「深化務實合作，促進共同繁榮」為主題的「2013 歐亞經濟論壇」在西安舉行，時任國務院副總理汪洋為論壇做主旨演講，一千多位來自歐亞各國的政要、企業家再度聚首，交流合作信息，探討合作途徑，共謀發展大計。

而作為歐亞經濟論壇永久會址所在，滻灞生態區不僅為各國政要、嘉賓提供了良好舒適的會議環境，也在積極參與分論壇組織、論壇運營保障等各項工作。

歐亞經濟論壇從此走向世界，滻灞生態區也獲得了世界的重新認知。

盛世花開　「中國杯」插花花藝大賽

有時候，不得不承認人的感情是脆弱的，更是有所偏重，這也是後來我慢慢發現的。就像對於滻灞的熱愛，有種無緣由的鍾情，仿若是自己的孩子一般，撫摸成長。以致於後來和滻灞的創業者談起此事時，我們總是感嘆時光飛

第二屆「中國杯」插花花藝大賽開幕式

逝。

　　不過，在這飛逝的時光中，滻灞的成長也令我們欣喜不已。每年到長安花開遍大街小巷之時，我總會約上幾個新聞界的朋友，慢慢遊走於西安諸多新區之間。而滻灞，總會是我們的第一站。

　　不為別的，就為感受這裡的鳥語花香，呼吸一種難得的清新空氣，偶爾去體驗一種天然的插花藝術。

　　楊六齊也總是一臉嚴肅地說：「滻灞是我們的事業，也教會了我們藝術。」我知道，他指的是世園會的圓滿召開，然而，卻鮮有人知，在二〇一一年世界園藝博覽會之前，「中國杯」插花花藝大賽的舉辦才讓滻灞人真正懂得了園林的藝術。

　　東方花藝的發源地是長安。「家家樓上如花人，千枝萬枝紅豔新。簾間笑語自相問，何人占得長安春。」從韋莊的《長安春》中不難看出，唐時的長安古城可謂全民插花。隋唐時期更是產生了中國插花史上第一部理論著作──

《花九錫》。

二〇〇九年四月二十九日至五月三日，第二屆「中國杯」插花花藝大賽情定滻灞生態區。一時間，滻灞成為了西安最熱鬧的區域，也被戲稱為「後花園」，似乎成為了時尚、唯美的代名詞。

此次大賽更是獲得了西安市委市政府的高度重視，為保障觀眾出行方便，專門開闢出一條「辛家廟至滻灞生態園」的公交專線，方便市民參觀遊覽。

「此次插花大賽是檢驗我們滻灞生態區園藝水平的一大利劍，從來沒有舉辦過和園藝相關的活動，為此，我們每個人都捏了一把冷汗，翹首以待。」提起當時的場景，門軒陷入了思索當中，但從他堅毅的表情中可以看出，一開始，這便是一場勝仗。

大賽吸引了來自國內二十多個省（區、市）的五十位選手參加，同時有澳

韓國插花藝術大師金榮洙在比賽現場

大利亞、日本、韓國、荷蘭等國家和中國香港、臺灣等地區的眾多國際插花藝術家前來觀看，高水平的花藝展示為市民奉獻出一場激烈的藝術大賽。

這裡是鮮花和藝術的世界。各類造型新穎獨特的花藝作品及市民自發展出的鮮花綠葉服飾秀，都讓前來觀展的市民大開眼界。進入位於凱賓斯基酒店的比賽現場，人們的視線瞬間被各種精美的插花作品吸引。

陳女士帶著女兒專程從蘭州市趕來西安觀看此次插花花藝大賽。「我以前在蘭州開過花店，對插花藝術很感興趣，西安的變化很大，滻灞生態區建設得非常漂亮。」陳女士說，「在這裡看到的每一幅花藝作品都很吸引人，這次真的沒有白來，學到了很多插花的知識。」

此時的滻灞，再也不是羞澀的嬰兒，世界的眼光在此匯聚，也獲得了花藝界大師的青睞。

「西安不僅是中國插花藝術孕育和繁榮的搖籃和沃土，更見證著中國插花藝術走過了最輝煌的時期，可以說這裡就是東方插花藝術的故鄉，直接影響了日本的立花插花。」日本插花大師高橋洋子說，「對於我們而言，在東方插花之鄉進行表演意義非凡。」

日本京都插花協會負責人說，在日本，花藝設計師們得知將在中國西安舉辦本屆大賽，都異常興奮，蜂擁報名。「因為，日本的花道源自中國。早在唐朝時，就由日本花道開創者小野妹子從當時的大唐長安學藝歸國，流傳至今。」因此，日本京都插花協會經多路選拔，組建了一個由二十四名菁英組成的展團，將為東方花藝故鄉帶來流花道等流派精品花藝。

韓國插花花藝大師金榮洙更是虔誠，她說在東方花藝的故鄉表演各國花藝，藝術家們極為重視，「可以說是懷著虔誠，用作品向花藝故鄉致敬。」

除此之外，本次大賽的評委團更是惹煞了不少人的眼球。其中，擁有「世界級大師」頭銜的花藝設計師就有五位：韓國頂級插花藝術大師朴有天、金榮洙，國際專業花藝大師蘇麗思，日本 Omuro 池坊流花藝大師高橋洋子，臺灣著名插花設計師謝志倫等。

對於熱愛插花藝術的我而言，事後還經常與管委會領導調侃當時怎麼就沒有拜其中一位為師。

不過，盛大的花藝場景絕對讓現場每一個人大飽眼福與口福。

江南水鄉的小橋流水，塞北古道的枯藤老樹，溫馨甜蜜的二人世界，神祕莫測的宇宙太空……本次大賽展出了國內外花藝家二百多件作品，所使用的花材和花器的種類及品質堪稱國際水平，在西北地區尚屬首次。而荷蘭、韓國的培訓機構將免費為愛好者進行培訓，也是一次國內外插花花藝界新技術、新品種、新藝術的集中展示。

交談中，一名來自上海的選手說，舉辦「中國杯」插花花藝大賽非常重要，將有利於提高中國插花花藝作品的水準，通過國內乃至世界範圍同行間的相互交流，使花卉文化得以發揚，傳統的中國東方花藝得到發展提高。

而在味覺方面，大賽中的「花餐」現在想起來還意猶未盡。鮮花食品正在日本、東南亞和中國沿海城市悄然流行，這些用作菜餚的鮮花用特殊方法培植，無污染，具有保健功能和輔助治療作用。廣東的「菊花龍鳳」「菊花鱸魚」，上海的「玉蘭魚片」「菊花糕」，山東的「桂花丸子」「茉莉雞脯」等都來到了本次活動中，西安市民大呼「過癮」。

當年牡丹被貶入洛陽，一時間長安竟無花可賞。怪不得武媚娘的心狠手辣，對於一個女人來說，花有太多的情愫可以寄託，要不然《美人心計》咋會有那麼多粉絲呢？

一場滻灞與世界的對話 ── 二〇一一世界園藝博覽會

用物理學的方式解析，所有能量的傳遞都需要介質。而二〇一一世界園藝

博覽會則把滻灞生態區推向了世界。

　　與西安石油大學經濟管理學院教授曾召寧談起區域經濟發展狀況，他提到西安十三區縣五區一港兩基地，加之新起的西咸新區，讓關中經濟發展實現一片大好形勢。可伴隨著經濟的快速發展，西安付出的代價是慘痛的，遮天蔽日的霧霾讓 3M 口罩生產商著實大賺了一筆，可市民只能對著 PS 後湛藍的天空暢想。

　　曾教授告訴我，他研究了一輩子經濟，現在最期盼的是城市回歸昔日的藍天白雲。欣慰的是，他在滻灞找到了當年的一絲痕跡。「雖然沒有那時的純粹，但在當今的自然狀況下，我已經非常滿足了，炎熱的夏季，雖然同為西安區域，但滻灞因為大水大綠，溫度足足比西安市區低了二度。」

　　也曾有人開玩笑地說，滻灞生態區就是因為有了滻、灞兩條河而獲得了今天的美譽，而滻灞管委會副主任成斌卻不完全贊同，他說，就算有了這兩條

河，滻灞也不一定會美好，主要是需要強大的推手。

而這推手，顯而易見就是西安市政府以及滻灞的建設者們。

二○○七年九月四日，西安成功申辦二○一一年世界園藝博覽會的消息從英國布萊頓傳回後，整個西安為之幸福和沸騰！楊六齊難掩心中喜悅，激動地說道，申辦世園會，用一個小小的管委會撬動這麼大一個世界級別的博覽會，在申辦最困難的時候，那種徬徨無依，那種在徬徨中尋找方向和目標的窘困，至今回想起來都難以釋懷……

其中的辛酸與苦澀我感同身受，因為與滻灞的淵源，我曾見證了滻灞的發展，對於楊六齊的激動，我只能說，那是一種走向世界的驕傲。

曾經，站在艾菲爾鐵塔最頂層俯瞰巴黎全景，蜿蜒而過的塞納河、世界為之瘋狂的盧浮宮、氣勢磅礴的凱旋門、人人恭而敬之的巴黎聖母院……浪漫之都巴黎因了這座鐵塔而更加絢爛，經濟直線上升。

無獨有偶。當登臨布魯塞爾原子球鐵塔之時，浩瀚工程令人肅然起敬，雖遇雨天但依然無法阻擋我觀賞的迫切，歐洲的城市總會帶給人一絲清涼，靜謐的城市、森林般的綠茵與滻灞有異曲同工之妙。

這兩處世界級的地標帶給這兩座城市的不僅僅是建築如此簡單。他們的問世都是世界博覽會的產物。一八八四年，為了迎接世界博覽會在巴黎舉行和紀唸法國大革命一百週年，法國政府修建了艾菲爾鐵塔；一九五五年，比利時政府為在布魯塞爾舉辦的世界博覽會而興建了原子球鐵塔。時光穿梭，如今這些建築都為當地經濟帶來了不可估量的價值。

這就是一個世界性質的博覽會對一個國家產生的重要意義。

儘管世界園藝博覽會和世界博覽會並不是一個級別的博覽會，但它卻都和一個國際組織有關，這個組織便是「國際展覽局」。世博會在它長期的發展中衍生出了兩種類型的博覽會，即綜合類大型博覽會和專業類博覽會。世界園藝博覽會即屬於後者。而在中國，在西安成功申辦之前，只有三個城市有此殊榮，即一九九九年在昆明舉辦的世界園藝博覽會，二○○六年在瀋陽舉辦的世

界園藝博覽會和二〇一〇年在上海舉辦的世界博覽會。這三個博覽會中，只有上海舉辦的博覽會屬於前者，也就是當今世界上規格最高的由一個國家政府舉辦的「萬國博覽會」。

昆明、瀋陽都已成功舉辦，為何西安會如此「難產」？

原來，昆明辦世園會和瀋陽辦世園會的背景和西安不太一樣，昆明辦時是國家「專寵」昆明，瀋陽辦時是其他城市還沒有「醒悟」，瀋陽得天獨厚獨此一家，但到西安想要申辦時，形勢已經發生了變化。西安想辦，中國的其他城市也想辦，而且，從城市的綜合實力來說，非常可悲，西安不如人……

一開始，一切進展順利。

他們到了國際園藝生產者協會總部所在地荷蘭阿姆斯特丹，拜見了法博主席，向法博主席遞交了時任西安市市長陳寶根的一封親筆信。陳市長在信中

昆明世園會

說，西安正在積極實施「大水大綠」工程，全面推進整個城市的園林化，城市環境明顯改善。全市森林覆蓋率達到百分之四十二，形成了人文資源與生態自然資源相互依託的城市格局，已經具備了舉辦世界園藝博覽會的能力和條件。廣大市民對於舉辦此次盛會更是期盼已久。西安市人民政府也正在加緊修建中國西北地區乃至國內最大的生態景觀區——廣運潭，打算以此作為世界園藝博覽會的主會場……

雙方的會面很愉快，法博主席對西安悠久的歷史非常感興趣，尤其是對在這個擁有著世界第八奇蹟秦兵馬俑的著名歷史文化名城舉辦世園會感興趣。

或許，真應了中國那句老話，好事多磨！

僅僅才過了三個月，二○○七年三月，滻灞管委會這邊還正在加緊著廣運潭的建設，西安市政府也在積極籌備世園會，可是再到阿姆斯特丹的時候法博主席的語氣變了。西安遇到了強大的競爭對手。

滻灞太需要世園會了！這一強大的國際品牌是千載難逢的機遇，無論如何不能放棄。

王軍和楊六齊鐵定了心要奪取此戰的勝利。

世界園藝博覽會是一個品牌，而且是一個大品牌，一個國際品牌。如果能夠拿下它，滻灞生態區就不僅僅走進了西安人的視野，走進了中國的視野，而且也走進了全世界的視野。

在遠離中國的荷蘭阿姆斯特丹，楊六齊堅定地告訴法博主席：我們不放棄！我們要一如既往地努力。爭取世園會在我們西安舉辦。這個決心，我們是不會變的。

從阿姆斯特丹一回到西安，楊六齊對他的員工神情凝重地說道：我們絕不回頭！拼盡努力，絕對要把世園會辦成！——這也就是說，面對強大的競爭者，代表西安申辦世園會的滻灞管委會，決心背水一戰了！

或許，果真到了滻灞發力之時，同年八月底好消息突然從北京傳了回來。

中國花卉協會、中國貿促會、國家商務部和國家林業總局函件通知，正式

推薦西安作為二〇一一年世界園藝博覽會申辦城市。函件並且說，二〇〇七年九月四日，將在英國布萊頓召開世界園藝生產者協會（AIPH）第五十九屆年會運營委員會大會，屆時，將有三十多個國家和地區的近百名代表參加，正式審議西安市舉辦二〇一一年世界園藝博覽會的申請。

從接到國家有關部委正式通知的函件到啟程去參加申辦，留下給他們準備的時間一共只有兩天！這兩天時間，他們需要做些什麼？準備申辦陳述、推介資料、宣傳片等等。同意你申辦，並不等於你就一定能夠申辦成功——雖說，現在離申辦成功已經是咫尺距離，但這咫尺之間，卻是功敗垂成的關鍵！

西安應該選擇一個什麼樣的主題呢？

最終，在一系列研討論證之下，確立了「天人長安，創意自然——人與自然和諧共生」的主題。

世園會吉祥物長安花

秦嶺四寶

二〇〇七年九月一日凌晨到達英國倫敦，然後申辦代表團馬不停蹄抵達布萊頓。

一踏上英國的土地，申辦團每個人都進入了「戰時狀態」。人人西裝革履，臉上帶著和藹可親的微笑，舉止得體，禮儀周到，處處表現出他們是來自一個禮儀之邦和來自一個世界文明古城的人。

一切都像是不經意，一切卻又都是刻意追求與安排的。爭取贏得別人對自己的好感，也爭取贏得別人手中那神聖的一票，這就需要在短時間裡和別人進行溝通和交流，讓對方——尤其是法博主席等更多和更深刻地了解自己的城市。基於這樣一個清晰的思路，代表團從二日中午下榻布萊頓到四日上午投票前，旋即開始了「旋風式的外交」。

然而，風雲突變……

世園會申辦的某些規則突然改變了！

原本半個小時的「申辦陳述」，現在，只給你「15分鐘」。這個改變說起

世界園藝博覽會美景

來也就是個少十五分鐘的事情，但是卻很要命，假如在這十五分鐘裡說不清楚你想要這些來自世界上三十多個國家和地區的近百名代表聽明白的問題，他們手中的選票很可能就不會投給你，那麼你就必須接受失敗的結局和面對「前功盡棄」的恥辱。知道這個消息是二號晚上，即歡迎晚宴已經快要結束的晚上九十點鐘，而需要陳述和答辯的時間則是四號上午。也就是說，只有兩晚上一個白天，不僅陳述詞要變，技術陳述部分的幻燈片也要變。來不及了麼！這麼短的時間誰能來得及？！可來不及又怎麼樣？別人才不管你來得及來不及！中國的城市如果申辦不成功，等在後邊想要辦世園會的其他國家的城市很可能就因此而有了機會。「你說，國家把這次難得的機會沒有給也許比你更有條件的城市而給了西安，你卻讓這個機會從你的指頭縫裡溜掉了，別的不說，你西安怎麼對得起國家對你的這份『厚愛』？」

「馬上調整申辦方案，講話稿不用了，搞個大體提綱，我現場講，你就現

場翻譯！」王軍的話讓翻譯官有了前所未有的壓力，卻也給了他最大的鼓舞！他獨自面向大西洋一遍遍地大聲念叨著團長可能說到的陳述詞和別人可能提問的問題回答。

申辦現場，一個外國城市的代表提問道：我們知道西安是中國著名的文化古都，如果西安不是申辦世界園藝博覽會，而是申辦一個古都文化或文物博覽會，我認為當之無愧。可是，在申辦世界園藝和生態的博覽會方面，不知道西安有什麼優勢？

王軍在陳述中沒有講歷史，沒有說文明，而是請出了西安的「三個代表」—— 熊貓、金絲猴和朱鸛。

試想熊貓、金絲猴和朱鸛都是世界珍稀動物，生態環境不好，它們生存不下去，只有在良好的生態環境中它們才能「健康」成長……

精湛的陳述，精確的翻譯，那一刻，世界為之動容！

英國倫敦時間中午十二點，中國北京時間晚上七點。

法博主席宣布：中國西安申辦成功二〇一一年世界園藝博覽會！

全場掌聲雷動。

消息也在第一時間傳回了西安。西安晚報、西安日報、西安廣播電臺、西安電視臺及陝西日報、陝西廣播電臺、陝西電視臺等在次日的新聞裡公布了這一喜聞。

緊接著，便是馬不停蹄的建設。

一波三折的申辦之路後，滻灞人有了前所未有的鬥志，一切都在計劃中行進。

二〇一一年四月二十八日至十月二十二日，以「天人長安・創意自然——城市與自然和諧共生」為主題的西安世界園藝博覽會在滻灞生態區順利舉行。

歷時一七八天的西安世園會，共接待國內外遊客一五七二萬餘人次，吸引一〇九個國內外城市和機構參展，舉辦各類演藝活動八千六百餘場，創歷屆世園會之最，是陝西省乃至西北地區建國以來規格最高、規模最大、影響面最廣

的國際性活動。帶動了西安市乃至陝西省交通、會展、物流、金融、商貿、旅遊、餐飲等產業的快速增長，直接拉動西安市 GDP 高達五到六個百分點。西安世園會的成功舉辦，弘揚了綠色理念，彰顯了中華文化，展示了西安文明、開放、包容、綠色的嶄新形象，形成了「拚搏、創新、協作、奉獻、服務、開放」的世園精神。

因為這些品牌，滻灞生態區不但成功實現了加速發展、跨越發展，也獲得了國內外各界的認可和讚譽。

類似世園會的國際化的城市品牌，在為滻灞生態區留下寶貴物質和精神財富的同時，也將西安這座千年古都的嶄新形象和它所孕育的全新發展活力呈現給了全世界。

「世園會的成功舉辦，讓世界看到一個不一樣的西安，感受到西安『華夏故都‧山水之城』的獨特魅力。」張寶通不止一次地提到世園會的巨大效益問題。

「西安滻灞生態區經過七年的保護、開發與建設，使這一區域由生態重災區轉變為西安生態補償區。世園會包括周邊的滻灞濕地有效地改善了西安的局部氣候，寬闊的水面與茂密的植被，對於改善城市熱島效應、滯留粉塵和提高空氣質量產生了明顯效果。西安世園會在滻灞生態區成功舉辦，展示了西安在城市建設、生態治理、環境保護方面取得的重大成績，在西安生態城市建設的進程中具有里程碑意義。」

世園會直接拉動了西安旅遊業和現代服務業的發展，凸顯會展經濟的巨大潛力，對城市各相關行業的帶動以及促進城市經濟發展方式轉變等多個方面作用明顯。

正如一位國際展覽業巨頭對會展行業描述的那樣，「如果在一個城市開一次國際會議，就好比一架飛機在城市上空撒錢。」

作為國際性大展會，世園會為西安市產業經濟發展起到了重要的引領作用和示範效應。前期籌備建設投入拉動西安相關行業總產出增加一百二十億元左

右，帶動增加值四十五億元。

　　與此同時，世園會對西安花卉種植和園林建設，以及文化、體育、娛樂，交通運輸、倉儲、會展業等都產生了巨大的帶動推進作用。對社會就業以及招商引資的拉動作用同樣明顯。就業方面，世園會直接提供就業崗位約二萬個，提供周邊就業崗位約五萬個，帶動全市相關產業就業崗位約三十萬個。韓國茶山、韓國信泰半導體、香港恆隆集團、臺達集團等一批國內外知名企業落戶西安，世園會已成為促進全市經濟發展的引擎工程。

　　一個城市的會展行業發展如何是一個城市綜合實力的體現。世園會這一大

世園會拉開了西安國際化大都市發展的序幕

型會展的成功，凸顯了西安會展經濟的發展潛力。目前，西安會展業已初步形成了以滻灞生態區歐亞經濟論壇永久會址為代表的國際會議中心，以及以曲江國際會展中心、綠地筆克國際會展中心、陝西國際展覽中心、大唐西市、西部車城為核心的五大會展聚集板塊。到二〇一五年，初步建成立足大關中、帶動大西北、輻射大歐亞的區域性國際會展中心。

西安世園會以「綠色引領時尚」為理念，以生態文明為切入點，通過大量的實踐案例和在國內外的全媒體廣告宣傳，讓西安的綠色時尚形象和綠色低碳理念深入人心，提升了西安城市品位。尤其在媒體宣傳方面，世園會在全國範

圍通過報紙、網絡、電視、廣播、雜誌、戶外廣告等交織出一張宣傳大網，新浪、天涯、騰訊大秦、華商四家合作網媒「世園頻道」的累計點擊量已逾十七億人次，央視索福瑞調查顯示世園央視廣告累積接觸度超五點〇九億人次，自建官網點擊率超二四一五萬人次。點擊「西安世園會」谷歌搜索條目達一一三〇萬條，新浪微博中「西安世園會」曾一度位列全國熱點關注話題排行榜第二位、西安熱詞排行榜第一位。美國、英國、加拿大、澳大利亞、馬來西亞等十餘個國家近三十家國外媒體對西安世園會進行了報導，西安世園會逐漸成為世界各國人民看陝西、西安的重要平臺和窗口，為西安國際化進程提供了重要平

臺和良好契機。

為籌建舉辦西安世園會，西安市民多渠道、多方位、多形式參與支持世園會，提升了城市居民素質，全面展示了西安在精神文明建設方面所取得的成績，讓西安人民更加振奮精神，對自己生活的城市充滿自信與驕傲。

世園會園區展示了來自海內外的園林藝術、花卉植物、文化理念，拓展了市民視野，提升了市民的文化素養和知識水平；以《送你一個長安》《祓禊謠》《巧智慧心》《和風東來》等世園經典歌曲為代表的「新長安風」歌曲，展示了西安的厚重歷史和新時代西安人包容胸襟和飛揚精神；以《文成公主》《木蘭詩篇》《世園之夜巨星演唱會》為內容的「世園之夜」大型主題演出，為中外遊客奉獻了多元文化的「饕餮盛宴」。

世園會打造了具有鮮明時代特色的西安城市精神，「拚搏、創新、協作、奉獻、服務、開放」的世園精神為西安城市精神注入新的內涵。世園會推出「綠色引領時尚」的理念，大力宣傳並實踐生態環保生活，使人們充分了解和切身感受當前世界先進的生態環保理念和科技成果。

世園會結束了，但它留給西安人們的財富並沒有結束，它的使命遠遠不止這些。

猶如艾菲爾鐵塔、自由女神像、原子球塔一般，這座佇立在世博園內的長安塔也已經成為了西安的標誌性建築。

今天的世博園以二〇一一西安世界園藝博覽會會址為基礎，按照「總體保留、豐富提升、科學利用」的原則，對園區內園藝景觀、交通組織、服務設施、展示內容等進行了全面提升，使其成為廣大市民和遊客生態享受、文化鑑賞、活動休憩的高品質休閒場所。西安世博園運營的出發點和落腳點是繼續傳播綠色理念，發揮城市「中央公園」作用，作為一項惠民工程，得到永續發展，成為陝西生態旅遊的城市名片。

如今，我仍然保持著每年登頂一次長安塔的習慣，在這裡，俯瞰滻灞全景，可以找到靜謐的內心世界，感受張錦秋大師的精美設計，絲絲涼意，眼前

如畫的美景比在艾菲爾鐵塔上更勝一籌。

有時候我總是在想，未來的國際化大都市絕對屬於中國，因為這裡具備了國際化大都市的一切條件，擁擠的小路加之低矮的建築不能算是國際化的標誌，國際化需要科技時尚的元素、大氣磅礴的氣勢和良好的生態文明，這正是我們擁有的。

生命的棲息地 —— 滻灞國家濕地公園

濕地，擁有眾多野生動植物資源，是生物多樣性最豐富的地區之一，無數種類的動植物，尤其是很多珍稀水禽的生存、繁衍和遷徙都離不開濕地，因此濕地被稱為「生命的搖籃」「物種基因庫」。

所以，當聽說滻灞要建設國家濕地公園時，我有種難以抑制的喜悅，這回，西安要因為滻灞而徹底改變在世界的形象了！

二〇〇八年六月十三日，由陝西省林業廳主持，針對《西安滻灞國家濕地公園總體規劃》，在西安舉行了專家評審會。二〇〇八年八月二十三至二十四日，國家林業局濕地辦組織專家對滻灞濕地公園現場考察評估，在評估報告中對濕地公園及總體規劃進行高度評價，建議將該公園規劃納入國家濕地公園建設試點。二〇〇八年十一月國家林業局正式批覆滻灞濕地公園為國家級濕地公園，是西北首批列入國家級濕地公園建設項目，計劃總投資十六億元，建設期限為七年。

北方的天氣永遠是這樣的乾澀，二〇一一年冬季，和滻灞的同仁一道去看建設中的濕地公園。翻過無以計數的土丘，我們來到了中心區域——灞河入渭口，沒有建成的這裡顯得格外蕭瑟，俯瞰下去，冬天的河水寒氣逼人。看到忙

滻灞國際濕地公園

碌的建設者頂著寒風在現場施工，心裡不由得產生一種敬佩之情。環望四周，望不盡的土丘加之枯凋的樹枝，怎麼也無法想像不到一年後這裡將成為一座國家級濕地公園。至今，一位建設者的話我仍記憶猶新：「從接手這片土地的建設開始，我已經把它當作我畢生的事業來做！」雖然沒有記住他的名字，但那堅定的眼神依舊是那樣的清晰可辨。

我相信他們的承諾，相信滻灞人的能力，經歷了世園會、F1 摩托艇大賽以及歐亞經濟論壇永久會址建設的滻灞人無所不能。

當絲路的駝鈴悠然消失在歷史的煙海裡，當盛唐的詩歌已蛻變為舊日不變的記憶，古長安的輝煌早已在歲月流逝中歸於井然。

而今，另一種力量正在成為西安城市復興的標誌。向東看去，面對破敗的

河床、叢生遍野的荒草，滻灞生態區因地制宜，迅速啟動了一系列城市基礎設施建設，使這個城市發展建設的「空白區」一躍成為集中體現城市最新建設成就的「新名片」。

當二〇一二年再次去到此地時，已經發生了翻天覆地的變化，木棧道、各種珍稀樹種甚至已經有野天鵝光顧，雖然還未開園，但與他們交談中，我感受到一股強大的自信：這裡是最好的濕地。

滻灞國家濕地公園便是這城市內涵中嶄新的形象領袖，它以突出生態效益為主導，以保護生物多樣性為宗旨，通過自然濕地景觀的再造及恢復，使人們認知濕地的功能，在濕地中獲取相關的環境知識，並成為滻灞生態區及西安城市重要的科普基地。作為西安市城市形象及功能的有利補充，濕地在為西安注入新的城市元素——自然、生態、綠色的同時，也為西安市民、濕地公園周邊居民以及過往的國內外遊客提供了一個休閒、游賞的外部空間。

艱辛的過程鮮有人知曉，滻灞人需要的是大眾的認可，而這，在二〇一三年四月二十九日開園當天，便獲得了肯定答案。無法估量的人群讓這處平日寂寞的土地一下子擁堵了起來，竟然成為了「五一」小長假的新寵。

這處集生態涵養、景觀游賞、旅遊休閒、科普教育、環境保護等諸多功能為一體的濕地公園，區域內已探明植物四十八科一百八十種，動物五十科一百五十種，具有中國西北地區河口濕地的典型特徵——蘆蒿遍野、河洲參差、鴻鷺翩飛，美不勝收。

滻灞國家濕地公園分為野趣區、精品區和時尚區三大主題板塊。設有南入口、觀鳥塔、科普館和滻灞水街等四大標誌性建築。

野趣區板塊有灞野堤窪、寒梅曲水、火晶映波、荷塘蛙鳴、灞水北泊、渚洲環碧等六大濕地景觀。重點展示濕地植物、濕地動物、濕地水系等，恢復並豐富濕地的原始地形、地貌，偏重於原生態、純自然的表現。

精緻區板塊和時尚區板塊有濕地碼頭、濕地沙灘、濱水部落、花溪茶社、生態農莊、果園、漁園、農園、牧場、動物救助站等十大體驗項目。精緻區重點

西安滻灞國家濕地公園科普館

展示人工干預下的濕地植物群落、布局及構造，形成錯落有致、高低互現、色彩豐富的人工干預下的濕地自然景觀。時尚區以面向健康、綠色、低碳的生活模式為基調，倡導時尚體驗與生態自然的良性互動，重點進行各類互動性體驗。

　　南入口是濕地公園主入口之一，採用生態建築理念，使得建築隱藏於自然之中，與濕地景觀和生態自然風貌融為一體，體現自然和諧共生理念。

　　科普館位於濕地公園中心區，是宣傳濕地資源保護理念、科普教育、濕地管理人員培訓和對外合作交流的重要基地。

　　觀鳥塔是濕地公園核心建築之一，採用計算機數字設計技術，以「生長」為核心理念，外觀形成「藤蔓」造型，表達濕地孕育生命、生命繁衍生生不息的中心思想。

　　滻灞水街充分利用原有村莊建築和現狀規劃肌理，與濕地公園總體規劃有機銜接，將原有村莊保留區與新建區緊密結合，為遊客提供一個集濕地景觀欣賞、餐飲休閒服務、藝術文化展示為一體的的綜合性功能街區。

滻灞國家濕地公園觀鳥塔

在規劃、建設、管理過程中，滻灞國家濕地公園將生態與建築、人與自然完美結合，遵循生態、以人為本的規劃原則，作為西安市多元化遺產旅遊的補充之一，迎合了西安市人文化、生態化的城市發展理念，同時也是對其國際化、市場化的重要補充。

立足滻灞地勢之優先、承襲濕地資源之豐盛、積醞歷史人文之厚重、攜載設施服務之一流，集生態保護研究、濕地景觀游賞、綠色農漁體驗、濕地保育恢復、科普展示宣教於一身的西安滻灞國家濕地公園，正以滻灞後花園的美麗姿態，成為全方位展示「灞上閒居」「三輔勝地」特有魅力的窗口。

用遊人如織、接踵摩肩來形容當時的場面絕對不為過。大部分遊客都為全家出動，一時間，這裡也成為了小孩子的樂園。

家住南郊的皮女士說，她的孩子上小學三年級，對大自然中的野生動物，

例如昆蟲、鳥類等特別感興趣，他們這次也是慕名而來，孩子收穫頗豐，以後會經常過來。

作為西安與渭河之間重要的一道生態屏障，西安滻灞國家濕地公園的建成，不僅使該區域具有生物群落恢復、污水生物處理、自然水面恢復等多項生態功能，還將城市污水轉化為淨水歸還給河流，成為數以萬計水生動植物的安身立命之所；同時，也是對「灞柳風雪」「蘆蕩驚鴻」等自然歷史文化景觀的恢復和展示，對西部城市濕地生物多樣性恢復和生態環境保護方面具有重要示範作用。西安滻灞國家濕地公園強大的生態淨化作用，使滻、灞河給渭河匯入兩河清水，對於陝西實施渭河流域水污染防治具有重要意義，體現了西安人對於渭河污染治理的擔當和責任。

二〇一〇年十月，珍稀鳥類「黑翅長腳鷸（yu）」首次造訪滻灞國家濕地公園，這也是西安地區首次發現該物種。

和陝西師範大學博導、文化旅遊專家李令福談起濕地公園，他總是笑著說：滻灞的作用可大著呢！

「濕地具有獨特的社會效應，它可以成為人們了解自然、認識生態、學習歷史、走向科學的大課堂和博物館。灞河入渭口濕地具有自然觀光、旅遊、娛樂、科研和教育等方面的功能，其資源優勢和環境優勢，在提供遊憩空間、環境教育等方面有著重要而獨特的價值。」李令福經常用這個典型事例來為學生剖析。

不僅如此，濕地公園優越的地理位置、豐富的濕地景觀資源為開展生態旅遊和多種經營奠定了良好條件，通過與周邊社區（賈家灘等）聯合開展生態旅遊業、濕地生態種植業和多種旅遊經營活動，不僅為濕地公園發展注入活力，也促進了周邊社區產業結構調整與優化，為社區群眾提供大量的就業機會。

歐亞經濟論壇永久會址、二〇一一年世界園藝博覽會會址、濕地公園的建成開放，使滻灞生態區的旅遊活力得到釋放，濱水城市新區的休閒度假也迅速升溫。

西安滻灞濕地公園園區景色

「長河碧水天雲影，垂柳青絲煙靄籠。」當置身於蔥蔥玉樹、潺潺流水、啾啾鳥鳴之中，親近的是天人勝境，遠離的是俗塵霧障。長天、碧水、曲徑、斜陽，在品味野趣、感觸詩意的人生體驗中，我們不再糾纏於瑣事的冗繁不堪、深陷於世故的喧囂更迭，自然的偉大與生命的美好將成為吟謳不盡的經典，持續傳唱著人與自然和諧共生的永恆基調。

滻灞生態區的目標不在建立一座濕地公園，它要建立的是一個龐大的濕地系統。

截至目前，生態區濕地面積比二〇〇五年增加了六百八十公頃，達到一二六六公頃，生態區內濕地覆蓋率由二〇〇五年的百分之六點六增加到百分之十三點二。形成了包括雁鳴湖、桃花潭、西安世博園、廣運潭、西安滻灞國家濕地公園及河道、湖泊濕地等的點線結合的濕地系統。

難怪自小在西安東郊長大的陳忠實在談及滻灞生態區生態環境的變化時，感慨地說：「常常能看到花甲老人、青春情侶等各種年齡段的人在灞河邊的草叢中柳色中悠然自得、輕鬆愜意。這裡確實是享受自然美、思古抒懷的好地方，在一定程度上改善了西安乾燥的氣候，這對於正走向現代化的西安無論從哪個角度說都是好的。」

印跡中國　西安起航
── 記二〇一三環中國國際自行車公路賽

不知曾幾何時，自行車這項運動突然就流行起來。每逢週末，在城裡，在山路上，在田野裡，會有大群的車友出沒。他們或帶著面罩，或弓著身子，或背著單反，呼嘯著從我的身邊飛過。

最美賽道

　　曾經，我親歷過「環青海湖」騎行大賽，盛開的油菜花下，角逐在湛藍的湖水之畔，陶醉勝過喜悅。那時，總是在想，這就是中國最美的地方了吧，一種都不捨得呼吸的味道。

　　二〇一三年，這種感覺再次襲來，不在國外，也不在他處，就在西安，大水大綠的滻灞之地。

　　西安作為「環中賽」的起點城市，九月十三日至十四日分別在西安滻灞國家濕地公園和西安世博園舉行計時賽與城市繞圈賽，以及豐富多彩的活動。

　　環中國國際公路自行車賽是經國際自行車聯盟與國家體育總局批准的一項高水平國際賽事，已成為繼環法、環西班牙、環意大利之後競賽天數世界第四、亞洲第一的公路自行車比賽。賽事自二〇一〇年以來，每屆比賽都從西安出發，而二〇一三年在滻灞生態區的賽道被譽為是「最美賽道」。滻灞生態區經過多年努力，目前已成為西北地區首個國家級生態區，二〇〇七年 F1 摩托艇世錦賽以及二〇一一年世園會先後在此舉辦。這裡已成為西安打造國際化大

都市的綠色名片，是市民休閒旅遊的首選之地。

「央視直升機航拍的鏡頭裡，滻灞的景色好美啊。通過環中賽宣傳西安的優美景色，確實是一個很好的創意。綠色、低碳、環保，西安要建設國際化大都市，就必須大力提倡健康、文明的運動方式和生活方式。」幾乎每個看過「環中賽」的人都會如此感嘆。

不僅如此，二〇一三年環中國組委會還繼續與歐洲廣播電視聯盟合作，通過亞洲通訊衛星將環中國每個比賽日的集錦製作成特別節目，向歐廣聯在冊的全球三百餘個電視臺統一投放。全球五大洲的國家地區都收看到了環中國比賽的精彩集錦。

滻灞，這一次，又出名了！

在歐洲、北美等經濟發達國家，自行車運動早已不僅是傳達綠色低碳的環保態度和理念的體育賽事，它更成為了民眾與城市互動的優質渠道。世界上擁

比賽進行中

有百年歷史的環法，和擁有近百年歷史的環義大利、環西班牙公路自行車賽早已成為了法國、意大利、西班牙等國家展示其城市魅力乃至宣傳國家形象的窗口和品牌賽事。長期堅持辦賽也著實拉動了當地旅遊業的發展。

隨著黨中央、國務院的總體部署以及「十二五」規劃中關於大力發展體育事業的號召，許多城市都在尋找一條自身宣傳與體育發展的「雙贏」之路。在即將過去的一年裡，公路自行車環賽的蓬勃發展，讓城市展示與體育賽事的最佳契合點在人們的視線中逐漸清晰。

西安日報評論員撰文稱：環中賽是一個展示西安的移動的窗口。西安市政府同時表示，將繼續深入研討體育賽事活動對城市發展的影響，找準推動體育事業發展和社會經濟發展的結合點和切入點，通過舉辦更多的高端體育賽事，為全面建設國際化大都市和推動全民健身運動廣泛開展作出應有的貢獻。綿陽仙海景區作為二〇一一環中賽其中的一站，在總結中也指出：環中賽之後，組織前來（綿陽仙海景區）開展自行車騎游等戶外活動的單位和群體明顯增多，我們將繼續爭取舉辦各種大形體育賽事，努力建好各種戶外體育活動的基礎設施，大力發展休閒體育活動，從而培植特色旅遊品牌，力爭使休閒體育活動這一項目具有健身性、趣味性、刺激性、參與性、獲利性。像西安、綿陽這樣的城市還很多，他們都由承辦高水平公路自行車賽而看到了走向國內外知名體育城市的通路。

中國是自行車大國，但就目前的自行車運動水平來看，尚難屬自行車運動強國。但令人欣喜的是，近年來，中國自行車運動愛好者人數大有增長之勢，越來越多的自行車愛好者和廣大群眾看到了自行車作為交通工具以外的運動魅力，有組織地或自發投入到自行車騎行運動中來。在「十二五」規劃中國努力實現建設體育強國目標踐行過程中，公路自行車賽無疑將在城市體育事業發展、全民健身方面扮演舉足輕重的角色。

印跡中國，夢環世界。嶄新徵程，西安起航。經國際自行車聯盟和國家體育總局批准，由國家自行車擊劍運動管理中心、中國自行車運動協會、中奧體

育產業有限公司承辦的環中國國際公路自行車賽從二〇一〇年起已成功舉辦三屆，第四屆環中國國際公路自行車賽於二〇一三年九月十三日至三十日舉行。「環中賽」由西安市出發，經四川、重慶、貴州、湖南、湖北至天津結束，歷時十八天，全程約五千六百公里，競賽里程約一千八百公里。有二十二支國內外職業自行車隊參賽。

西安古稱長安，有著三千一百多年的建城史和一千一百多年的建都史，歷史上曾有周、秦、漢、唐等十三個朝代在西安建都。西安既是世界著名古都、歷史文化名城和國際旅遊熱點城市，又是一個充滿生機與活力的發展中城市。新中國成立後，特別是改革開放和西部大開發以來，古城西安呈現出蓬勃發展的態勢，西安已成為中國科研、高等教育、國防科技、高新技術、裝備製造等新型產業基地。西安作為「環中賽」這項國家級知名體育品牌賽事的長久起點城市，為世界瞭解西安提供了廣闊的平臺。晨鐘暮鼓迎盛世，鐵騎古城奏華章，「環中賽」的啟幕，給充滿活力的西安又注入了低碳環保、時尚活力的體育元素。古老的自行車運動與歷史文化名城相結合，一定會迸發出新的樂章。

古老的絲綢之路起點，已成為環中國國際自行車賽夢起飛的地方……

環中國國際公路自行車賽自創辦以來，始終以西安為起點，但每屆都經由不同的路線、貫穿不同的省市，最終到達終點城市天津。秉承著一貫的傳統，二〇一三環中國國際公路自行車賽仍然開闢了全新的路線，由西安滻灞區出發，經過兩天的平路比賽後進入四川省，分別在都江堰、彭州和德陽完成爬坡以及平路賽段的比拚，最後在重慶巴南以及貴州遵義兩個決定性的高難度爬坡賽段後決出環中國第一階段的最終結果。

縱觀賽程，二〇一三環中自九月十三日揭幕戰，至九月三十日收官戰，共歷時十八天，共途經陝西、四川、貴州、湖南、湖北五省以及重慶、天津兩市，共十二個賽段，完成二〇一三年的環中國之旅。

參賽車隊方面，二十二支來自世界各地的職業自行車勁旅將逐鹿環中國。在這二十二支車隊當中歐洲車隊有十一支、亞洲車隊九支、美洲車隊二支，二

〇一二環中國總冠軍得主丹麥克里斯蒂娜手錶隊，在歷屆環中國比賽中表現不俗，並且一直是衝刺王藍衫有力爭奪者之一的伊朗大布里斯石化隊，來自臺灣、香港以及中國大陸的本土車隊都將悉數登場。

二〇一一年是中國自行車運動繁榮發展的一年，各個大小自行車賽事星羅棋布地在祖國大地上展開。與前幾年自行車運動在中國的方興未艾不同的是，二〇一一年，中國自行車運動無論從賽事數量、政府支持度以及社會關注度上，都達到了一個前所未有的高度。「環中」（環中國國際公路自行車賽）、「環湖」（環青海湖國際公路自行車賽）和「環島」（環海南島國際公路自行車賽）三大公路自行車環賽是首當其衝拉動中國自行車運動的「三駕馬車」，加之二〇一一年新出現的頂級職業賽「環北京職業公路自行車賽」以及「環太湖國際公路自行車賽」「環崇明島自行車賽」都為中國自行車運動的發展提供了有力的依託，注入了強大的動力。而公路自行車賽以其「流行、流動、流暢」的獨特比賽特性，開放、露天的比賽場地，成為了展現在城市風采，創建城市名片

參加比賽的外國運動員

的上佳平臺。而越來越多的城市也通過承辦大型公路自行車賽事，在充分展示城市的基礎上，促進了地方體育事業發展，推進全民健身，充分發揮了體育在保障改善民生和推動社會進步方面的重要作用。

目前，中國的大型職業公路自行車賽以區域性賽事為主。環北京、環海南島、環青海湖和環太湖自行車賽，都是圍繞特定區位來打造的職業自行車賽事。與他們相對的是環中國公路自行車賽。該賽事僅有兩年的歷史，頗為年輕，其跨越距離卻是最長。目前，跨越的行政區域已經達五省十六市，二〇一一年環中賽的跨度更是有四二一〇餘公里。

環中國經過了三年的成長，在賽事組織、影響力等方面都已初具規模。二〇一三年，組委會提出了「印跡中國，夢環世界」的口號，旨在說明組委會打造「環中國」的目標就是讓此賽事成為一個中國向世界展示的舞臺。

傑裡·哈克曼奪得冠軍

二〇一三，作為環中賽首戰的滻灞生態已然為國際奉上了一份饕餮盛宴。比賽是殘酷的，而過程卻是異常美好。

個人計時榮譽賽拉開二〇一三年環中賽騎行大幕，但作為真正「真刀真槍」的較量，「西安滻灞城市繞圈賽」無疑讓來自十六個國家和地區的職業騎手們更加「全情投入」。而為了更好地展示古城優美的環境，西安賽段組委會也是精心選擇了一段最能代表滻灞美景的線路。總長度為九十六點九公里的比賽線路，以滻灞管委會東門前的灞柳西路為起點，途經三環路、世博園區、歐陸風情小鎮、灞河東路、歐亞大道、滻河西路，再回到灞柳西路，騎手們總共需要騎行六圈。

最終經過一番你爭我奪的激烈較量，來自捷克 ASC Dukla 洲際車隊的傑·哈克曼成為最大的贏家，他不但以 1 小時 58 分 29 秒的成績，奪得第一賽段黃色領騎衫，並在爬坡和個人衝刺中表現不俗，同樣拿下圓點衫和藍衫。而象徵大中華區優秀車手的白色領騎衫則被中國萬聖車隊的劉浩奪得。精彩的比賽之外，央視完美的直播更是為滻灞城市繞圈賽增色不少。直升機航拍，六個高點機位全方位追蹤，再加上特邀環法賽攝像師全程攝像。比賽進行的同時，一個秀麗的滻灞、美麗的西安也通過央視的畫面展示到了電視觀眾的面前。

「感謝西安，感謝這次永遠讓我難忘的賽段奪冠經歷。我聽說這裡剛舉辦過世園會，確實風景秀麗、景色宜人。以後有機會，我一定要帶著我的家人，好好來西安再看一看。」穿上象徵著榮譽的黃色領騎衫，捷克車手傑·哈克曼興奮不已地接受採訪。

個人計時賽的冠軍、丹麥克里斯蒂娜手錶車隊的選手舒馬赫說，他從沒有來過西安，他在這次來之前專門通過網絡了解了一些情況，但來到西安後發現這座城市要比網絡上介紹的更有魅力。「我覺得生活在西安的人太幸福了。」

盧森堡獵豹崔克洲際車隊的車手法比奧表示，滻灞賽段風景美麗、氣候宜人，尤其是道路修建得平整精緻。「亞洲是自行車運動的未來，近年來亞洲湧現出了越來越多的優秀車手。國際上諸多大城市都在競相承辦大型公路自行車

賽，此次西安無論從賽事組織、公共服務、媒體報導方面都做到了相當高的水準，相信以後這項賽事的水平會越來越高。」

⋯⋯

此時，激動的不僅僅是選手，西安市體育局副局長黃群也興奮不已：「環中賽是抓手，宣傳西安是目的，而全民健身則是落腳點。我們舉辦環中賽，最主要的還是希望讓健康、綠色的自行車運動，真正成為群眾健身的龍頭項目。」

說到環中賽對西安城市展示所帶來的良好效果，黃群表示，「第一屆環中國從曲江出發，有美麗的唐文化景觀。大家會發現西安有這麼好的風景和賽道，還有這麼多的文化、文明，對曲江宣傳很好。第二年的起點是高新區，環境也非常好。第三屆有三個賽區，渭河、文景路和藍田。而今年我們選在了美麗的滻灞，選擇了美麗的濕地公園，選擇了美麗的世博園區。通過環中賽賽事的影響力及央視的直播，最大限度地綜合展現了西安的多種資源。」

「印跡中國，夢環世界」。

黃群感慨，環中國國際公路自行車賽今年已是第四次舉辦。賽事一直選擇西安作為起點城市，一來是因為這座城市有著得天獨厚的條件，二來是熱情好客的西安人民能積極參與其中。西安是古絲綢之路的起點，從這裡開始環中賽，有著特殊的意義，能更好地讓世界瞭解中國，這裡的歷史文化、人文地理都是獨一無二的。同時，賽事也推動了西安市的全民健身，如今在西安，低碳環保的出行方式已逐漸得到認可和推崇，還有許多戶外愛好者會在閒時前往美麗的秦嶺中騎行。可以說，這項賽事正在改變西安市民的生活方式。

盛唐時代，商賈駝隊拉伸著華夏文明的經緯，絲綢瓷器漂洋過海，在世界各地種下一個又一個唐人街。而今，世界各地的高手來到滻灞，向這座古老的城市脫下禮帽，深深鞠躬。我想，「九天閶闔開宮殿，萬國衣冠拜冕旒」也不過就是這樣吧。

東方雅韻　西安金融商務區

有水有綠有產業，在旁人看來，滻灞成功了，從西安東北部的生態重災區一躍成為綠野仙蹤，人們在想：這下，也只能平穩發展了。

可滻灞不認這個鉚，西安市政府也不會輕易放過這處占據絕佳地理位置之區域。

「我們要在這裡建立一個金融商務區。」市政府內，傳來了這樣的聲音。「中國的真正發展在於西部，西部的真正發展在於西北，西北的發展首先在於陝西，陝西的經濟命脈在關中，關中要崛起，就必須以西安為龍頭、為核心……」曾有經濟學家這樣預言。

生態環境的優劣並不能成為生態文明建設成功與否的唯一標準。而在經濟發展方式和產業結構上，能夠真正實現綠色 GDP，才是關鍵。

在「綠色、環保、低碳、休閒」四大產業發展理念的指引下，滻灞生態區選中了金融服務，以旅遊休閒、現代商貿、會議會展為支撐，以文化創意為特色，以戰略性新興產業為補充的產業體系。積極打造西部金融商貿服務中心、總部經濟聚集區、西部會展之都以及國際一流生態旅遊目的地。

金融業是滻灞生態區確定的核心產業，也是滻灞生態區未來的最大產業特色。

二〇〇八年，陝西省和西安市就確立了「建設滻灞金融商務區，構建西部重要金融中心」的戰略目標，並正式啟動西安滻灞金融商務區建設。

二〇一〇年一月，西安市政府將滻灞金融商務區正式命名為西安金融商務區。同年九月，西安金融商務區成為國家服務業綜合改革試點區域。

二〇一一年全省金融工作會議工作報告中明確指出依託西安作為金融資源聚集地的優勢，做好區域性金融中心建設規劃，推進西安區域性金融中心建設。加大金融機構招商引資力度，吸引全國性金融機構新設公司或後臺服務中心落戶滻灞，引導現有省內金融機構搬遷滻灞，切實落實有關優惠政策，支持基礎配套服務設施建設。

　　二〇一二年十月，陝西省政府出臺了《關於進一步促進金融業發展改革的意見》文件，明確提出：「切實加快西安金融商務區建設。西安金融商務區作為建設西安區域金融中心的重要載體，要積極完善基礎設施和服務配套設施，發展金融配套服務產業，加大金融招商力度，提高引入機構層次，鼓勵金融機構建立服務中心，爭取在「十二五」末，初步將西安金融商務區建設成為西部區域性金融機構和大型企業的總部聚集區，全國金融中後臺服務和金融外包服務基地，國際性金融機構區域總部的首選地。

　　二〇一二年十月十六日，陝西省委省政府出臺了《關於省市共建大西安加

西安金融商務區鳥瞰全景

快推進創新型區域建設的若干意見》文件，明確提出：「科學規劃產業布局，形成以滻灞金融商務區等為核心的新興產業功能區；支持區域金融中心建設，加快滻灞金融商務區基礎設施建設。」

二〇一三年三月二十九日，陝西省政府正式批覆同意將西安金融商務區列為省級開發區，享受省級開發區相關優惠政策。

二〇一三年八月，外交部發函批覆同意啟動西安領事館區建設。西安領事館區選址位於西安金融商務區核心區域，規劃占地九百餘畝。

二〇一三年十一月，西安市委、市政府出臺《關於加快建設絲綢之路經濟帶新起點的實施方案》，明確提出「以西安歐亞經濟論壇永久會址為中心，加快西安滻灞領事館區建設」「辦好歐亞經濟論壇金融合作會議和西安（滻灞）金融高峰論壇，加強與國家金融管理機構和國家開發銀行的溝通連繫，爭取上

領事館區沙盤照片

合組織開發銀行落戶西安。」

二〇一三年十一月，陝西省委書記趙正永在「加快絲綢之路經濟帶新起點建設座談會」上的講話中指出：圍繞「政策溝通、道路聯通、貿易暢通、貨幣流通、民心相通」的五通要求，紮實做好十件事，明確提出要「加快建設面向中亞、服務西部的區域性金融中心」。

這次，滻灞發展的異常順利。

目前，西安金融商務區已引進各類金融機構及商務配套項目六十四家。已簽約或落實的入區項目主要有：

政府及金融監管機構：中國證監會陝西監管局、中國保監會陝西監管局；金融機構總部類項目：國家開發銀行陝西分行、長安銀行、永安保險、西安銀行、西部證券、陝煤金融中心、西部信託、前海人壽陝西總部、希格瑪資產管理集團；金融機構後臺類項目：中行全球客戶服務中心、建行西安營運中心、中石化西北金融結算中心、金融押運服務基地及銀行票據中心、長安銀行後臺服務基地、永安保險後援中心、新華保險西安後援中心、西安（滻灞）金融服務外包基地、西安市地稅局綜合服務中心、龍護衛西安金融保障基地；金融要素市場類項目：陝西煤炭滻灞交易中心、陝西環境權交易所；金融中介類項目：光大金控資產管理有限公司、陝西省長安期貨經紀有限公司、國信證券股份有限公司、西安希格瑪資產經營管理有限公司、陝西新蘭特投資諮詢有限公司、陝西新蘭特資產評估有限公司、陝西新蘭特土地評估諮詢有限公司；商業、住宅及其他配套項目：蘇陝國際金融中心、中國東盟——西安經貿中心、香港香江西安財富中心、寶能大廈、上實城開滻灞半島項目、深圳振業生態城、御錦城、陝西工商管理碩士學院綜合樓、滻灞金融培訓學院、陽光購物廣場、滻灞汽車主題公園等。

預計到二〇二〇年，金融商務區將聚集一百至一百三十家金融機構和一千家商務機構，金融業增加值達到一百五十億元，占西安市金融業新增值部分的百分之五十以上，占陝西省金融業新增值部分的百分之三十以上，對陝西省金

融業發展的貢獻率達到百分之二十以上，金融業帶動相關產業增加值達到三百億元。

綠色見證成長，金色引領未來。

未來十年，西安金融商務區將以西部大開發和關中—天水經濟區建設為契機，積極發揮金融產業引領作用，以國際化視野打造融金融、商務、會議、商貿、文化、休閒於一體的現代服務產業聚集區，成為西部重要金融中心和西安國際現代化大都市的城市亮點。

東西市，南北坊，新羅詩人崔致遠在長安城裡御街打馬，留下了「幸得東風已迎路，好花時節到雞林」的感慨。繁華經不住風吹雨打，卻給我們留下了對昨日無法重逢的牽掛。廣運潭上煙波浩渺，望春樓裡陣陣簫聲，都隨著藍田猿人無拘無束的腳步，在盛唐不滅的回憶裡，化為一絲不輕不重的永恆。

西安金融商務區夜景效果圖

昌明文庫・悅讀中國 A0607013

踏歌滻灞

作　　　者	賀平安
版權策畫	李煥芹

發 行 人	陳滿銘
總 經 理	梁錦興
總 編 輯	陳滿銘
副總編輯	張晏瑞
編 輯 所	萬卷樓圖書股份有限公司
排　　　版	菩薩蠻數位文化有限公司
印　　　刷	維中科技有限公司
封面設計	菩薩蠻數位文化有限公司

出　　版　昌明文化有限公司

桃園市龜山區中原街 32 號

電話　(02)23216565

發　　　行　萬卷樓圖書股份有限公司

臺北市羅斯福路二段 41 號 6 樓之 3

電話　(02)23216565

傳真　(02)23218698

電郵　SERVICE@WANJUAN.COM.TW

大陸經銷

廈門外圖臺灣書店有限公司

　　電郵　JKB188@188.COM

ISBN 978-986-496-474-1

2019 年 3 月初版

定價：新臺幣 260 元

如何購買本書：

1. 轉帳購書，請透過以下帳戶

　合作金庫銀行　古亭分行

　　戶名：萬卷樓圖書股份有限公司

　　帳號：0877717092596

2. 網路購書，請透過萬卷樓網站

　網址 WWW.WANJUAN.COM.TW

大量購書，請直接聯繫我們，將有專人為您

服務。客服：(02)23216565　分機 610

如有缺頁、破損或裝訂錯誤，請寄回更換

版權所有・翻印必究

Copyright©2019 by WanJuanLou Books CO., Ltd.

All Right Reserved　　　　　　**Printed in Taiwan**

國家圖書館出版品預行編目資料

踏歌滻灞 ／ 賀平安著. -- 初版. -- 桃園市：

昌明文化出版；臺北市：萬卷樓發行,

2019.03

　面；　公分

ISBN 978-986-496-474-1(平裝)

1.生態保育區 2.陝西省西安市

366.2　　　　　　　　　　108003208

本著作物由五洲傳播出版社授權大龍樹（廈門）文化傳媒有限公司和萬卷樓圖書股份
有限公司（臺灣）共同出版、發行中文繁體字版版權。

本書為金門大學產學合作成果。　　　　　　　　校對：陳羚婷／華語文學系四年級